BestMasters

Tim Schumacher

Fluiddynamischer Planarantrieb für drei Freiheitsgrade

Erweiterung eines xy-Antriebs um einen unbeschränkten Drehfreiheitsgrad

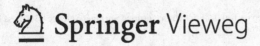

Springer Vieweg

Tim Schumacher
Hannover, Deutschland

BestMasters
ISBN 978-3-658-12017-7   ISBN 978-3-658-12018-4 (eBook)
DOI 10.1007/978-3-658-12018-4

Die Deutsche Nationalbibliothek verzeichnet diese Publikation in der Deutschen Nationalbibliografie; detaillierte bibliografische Daten sind im Internet über http://dnb.d-nb.de abrufbar.

Springer Vieweg

Gedruckt auf säurefreiem und chlorfrei gebleichtem Papier

Springer Fachmedien Wiesbaden ist Teil der Fachverlagsgruppe Springer Science+Business Media
(www.springer.com)

Vorwort

Die vorliegende Diplomarbeit entstand während meiner Diplomandentätigkeit am Institut für Fertigungstechnik und Werkzeugmaschinen (IFW) der Leibniz Universität Hannover. Sie stellt die schriftliche Abschlussprüfung meines Maschinenbaustudiums an der Leibniz Universität Hannover dar. Die Deutsche Forschungsgemeinschaft (DFG) fördert im Rahmen des Schwerpunktprogramms 1476 „kleine Werkzeugmaschinen für kleine Werkstücke" die Forschung am IFW und ermöglichte diese Arbeit.

Mein Dank gilt dem Institutsleiter Herrn Prof. Dr.-Ing. B. Denkena für die Betreuung und wohlwollende Unterstützung der Arbeit sowie Herrn Prof. Dr.-Ing. B.-A. Behrens für die Übernahme der Zweitprüferschaft.

Herrn Dipl.-Ing. Maik Bergmeier, der die Betreuung der Arbeit übernahm, danke ich für sein Engagement und die großartige Unterstützung.

Meiner Freundin Wiebke danke ich für ihre grenzenlose Geduld und ihre Unterstützung beim Korrekturlesen.

Dem Springer-Verlag danke ich schließlich für die Möglichkeit, meine Arbeit im Rahmen von „BestMasters" zu veröffentlichen.

Abstract

Im Rahmen des Schwerpunktprogramms 1476 „Kleine Werkzeugmaschinen für kleine Werkstücke" wurde am Institut für Fertigungstechnik und Werkzeugmaschinen der
Leibniz Universität Hannover ein planarer Mehrkoordinatenantrieb entwickelt, der die
Kraftwirkung von Luft-Freistrahlen auf die Flanken dreieckiger Antriebsprofile nutzt.
Darauf aufbauend wurde im Verlauf dieser Arbeit eine neue Anordnung der Dreiecksprofile und Düsen entworfen, die eine Erweiterung des translatorischen Antriebs um
einen unbeschränkten rotatorischen Bewegungsfreiheitsgrad erlaubt. Das dafür entwickelte geometrische Modell ermöglicht - in Verbindung mit einer rechnerbasierten
Auswertung - die automatische Bestimmung geeigneter Geometrieparameter. Anhand der so erzeugten Anordnungen erfolgte die Ausarbeitung und Optimierung einer konstruktiv umsetzbaren Lösung.

Zur Nutzung verbleibender Verbesserungspotentiale wurde darüber hinaus ein
modifiziertes Antriebskonzept untersucht, bei dem Profilgitter die bisherigen Dreiecksprofile ersetzen. Nach der strömungsmechanischen Optimierung dieser Gitter konnte eine zweite umsetzbare Lösung ausgearbeitet werden. Im direkten Vergleich zeig-
te sich, dass der Einsatz der Profilgitter gegenüber den Dreiecksprofilen Vorteile hinsichtlich der Kosten, der Komplexität und der Leistungsfähigkeit des Antriebs bietet.

Inhaltsverzeichnis

Abbildungsverzeichnis

Tabellenverzeichnis

Abkürzungsverzeichnis

Formelzeichen	Beschreibung	Einheit
a	Düsenabstand	[m]
A_0	Düsenquerschnittsfläche	[m²]
d_{AR}	Durchmesser des Arbeitsraums	[m]
d_D	Durchmesser des Düsenaustrittsquerschnitts	[m]
d_o	Profildicke oben	[m]
d_u	Profildicke unten	[m]
F_0	Impulsstrom der Düse	[N]
h	Profilhöhe	[m]
$\dot{m}$	Massestrom	[kg/s]
M_T	Tischmittelpunkt	[ ]
n	Profilanzahl	[ ]
R	Profilkrümmungsradius	[m]
r_a	Profilaußenradius	[m]
r_D	Düsenkreisradius	[m]
r_i	Profilinnenradius	[m]
s	Spaltbreite	[m]
t_G	Gitterteilung	[m]
v_0	Düsenaustrittsgeschwindigkeit	[m/s]
x	Verfahrweg in x-Richtung	[m]
x^*	Auf die Gitterteilung normierter Verfahrweg in x-Richtung	[ ]

x_T	x-Koordinate des Tischmittelpunkts	[m]
y	Verfahrweg in y-Richtung	[m]
y_T	y-Koordinate des Tischmittelpunkts	[m]
α	Ablenkwinkel	[rad]
δ	Flankenzentriwinkel	[rad]
δ_D	Düsenzentriwinkel	[rad]
Δh	Inkrement der Profilhöhe	[m]
ΔR	Inkrement des Profilkrümmungsradius	[m]
δ_s	Spaltzentriwinkel	[rad]
ρ	Dichte	[kg/m^3]
τ_D	Düsenteilung	[rad]
τ_P	Profilteilung	[rad]
φ	Drehwinkel um die z-Achse	[rad]

1 Einleitung

Im Rahmen des DFG-Schwerpunktprogramms 1476 „Kleine Werkzeugmaschinen für kleine Werkstücke" (im Folgenden SPP 1476) werden neuartige Werkzeugmaschinen zur trennenden Bearbeitung von Mikrobauteilen erforscht, die - besonders aufgrund ihrer geringen Größe - gut an die Bearbeitungsaufgabe angepasst sind und dadurch technische, ökologische und ökonomische Vorteile gegenüber herkömmlichen Werkzeugmaschinen bieten. Das Institut für Fertigungstechnik und Werkzeugmaschinen der Leibniz Universität Hannover trägt durch die Erforschung eines neuartigen fluiddynamischen Antriebskonzepts dazu bei. Dieses Konzept nutzt die Kraftwirkung von Luft-Freistrahlen auf die Flanken dreieckiger Antriebsprofile und weist ein besonders großes Potential hinsichtlich der Miniaturisierbarkeit und Funktionsintegration auf. Die bisherige Forschungsarbeit ermöglichte bereits die Entwicklung und Umsetzung eines planaren Mehrkoordinatenantriebs mit zwei translatorischen Freiheitsgraden (x-, y-Richtung), der hinsichtlich seiner Eignung als Vorschubantrieb in der Mikrofräsbearbeitung untersucht wurde.

Das Ziel dieser Arbeit besteht in der Entwicklung einer Profil- und Düsenanordnung, die eine Erweiterung des bestehenden Antriebs um einen unbegrenzten rotatorischen Bewegungsfreiheitsgrad ermöglicht. Auf diese Weise kann der Einsatzbereich und die Flexibilität des Antriebs sowie die Komplexität der Bearbeitungsaufgaben weiter gesteigert werden. Die Anzahl der Maschinenkomponenten und der grundlegende Aufbau des Antriebs bleiben dabei unverändert.

Zu den Kapiteln:

- In **Kapitel 2** werden das SPP 1476 und seine Ziele in den Themenkomplex der Mikrotechnik und Mikroproduktionstechnik eingeordnet. Nach einer kurzen Einführung in die Direkt- und Mehrkoordinatenantriebe erfolgt dann die ausführliche Beschreibung und Erläuterung des fluiddynamischen Antriebs.
- **Kapitel 3** stellt die Zielsetzung der Arbeit detailliert dar und verdeutlicht die Motivation zur Weiterentwicklung des Antriebs.
- **Kapitel 4** legt die Bereiche des Tisches fest, die mit Antriebsprofilen versehen werden müssen.

- **Kapitel 5** beschreibt die Methode zur Anordnung der einzelnen Antriebsprofile und Antriebsdüsen vom grundlegenden Ansatz über die geometrische Beschreibung und Modellbildung bis zur rechnerbasierten Auswertung.

- In **Kapitel 6** wird die Anordnung der dreieckigen Antriebsprofile anhand der Aufgabenstellung entnommener Kriterien optimiert.

- **Kapitel 7** greift verbleibende Nachteile des Konzepts auf und stellt eine Modifikation des Antriebs vor, die Profilgitter anstelle der dreieckigen Antriebsprofile nutzt.

- **Kapitel 8** vergleicht und bewertet die beiden vorgestellten Lösungen. In einem Ausblick werden die weiteren Maßnahmen zur Realisierung des neuen Antriebs erörtert.

2 Stand der Technik

In diesem Kapitel wird zunächst ein kurzer Überblick über die üblichen Begriffe und den gegenwärtigen technologischen Stand im Bereich der Mikrotechnik sowie der damit verbundenen Mikroproduktionstechnik gegeben. Anschließend werden die Motivation und die Ziele des SPP 1476 dargestellt, in dessen Rahmen der fluiddynamische Antrieb entwickelt wird. Vor dem Hintergrund der Aufgabenstellung ordnen die weiteren Abschnitte die planaren Mehrkoordinatenantriebe in den allgemeinen Kontext der Vorschubantriebe ein und erklären ihren grundlegenden Aufbau sowie ihre charakteristischen Eigenschaften. Abschließend wird der Demonstrator des fluiddynamischen Vorschubantriebs vorgestellt, der den planaren Mehrkoordinatenantrieben zuzuordnen ist. Der Aufbau und die Funktionsweise dieses Antriebs stellen die Grundlagen für die weiteren Untersuchungen im Rahmen dieser Arbeit dar.

2.1 Mikrotechnik und Mikroproduktionstechnik

Miniaturisierung bei gleichzeitiger Funktionsintegration ist heute ein zentrales Thema in der Produktentwicklung und kann in den unterschiedlichsten Anwendungsfeldern beobachtet werden. Als typische Vertreter seien an dieser Stelle beispielsweise Festplattenköpfe, Instrumente der minimalinvasiven Chirurgie und Sensoren im Automobilbau oder der Mobilelektronik genannt. Derartige miniaturisierte Systeme vereinen Signalverarbeitung, Sensoren und Aktoren auf kleinstem Raum. Sie erreichen durch ihre hohe Integrationsdichte funktionale und/oder kostenmäßige Vorteile, stellen jedoch aufgrund ihrer extrem kleinen Struktur- und Bauteildimensionen auch hohe Forderungen an die zugrundeliegende Produktionstechnik [HESS02/1].

Im Folgenden werden ausgewählte grundlegende Begriffe aus der Mikrotechnik und ihrem Umfeld eingeführt und ein kurzer Überblick über die Verfahren und Möglichkeiten der Mikroproduktionstechnik gegeben.

2.1.1 Begriffe

2.1.1.1 Mikro-Produkte

Bauteile, bei denen die Maße funktionsbestimmender Geometrien oder Strukturen im µm-Bereich liegen, werden als Mikro-Bauteile oder Mikro-Produkte bezeichnet. Die Gesamtabmessungen der Bauteile spielen dabei keine Rolle [HESS02/8].

2.1.1.2 Mikrotechnik

Gegenstand der Mikrotechnik ist die Entwicklung und Herstellung von Mikro-Produkten. Sie ist der Oberbegriff, unter dem die Mikroelektronik, Mikrooptik, Mikromechanik sowie deren Entwicklungs-, Werkstoff- und Produktionstechnik zusammengefasst werden [HIER95].

2.1.1.3 Mikrosystem und Mikrosystemtechnik

Die Mikrosystemtechnik ist eine relativ junge ingenieurwissenschaftliche Disziplin, deren Gegenstand die funktionale Integration mechanischer, elektronischer, optischer und sonstiger Funktionselemente unter Anwendung spezieller Mikrostrukturierungstechniken ist [HESS02/8].

Als Mikrosystem bezeichnet man dabei ein intelligentes miniaturisiertes System mit Sensorik, Datenverarbeitung und/oder Aktorik, das wenigstens zwei elektrische, maschinelle, optische oder andere Eigenschaften verknüpft. Die Realisierung erfolgt auf einem einzelnen Chip oder als Multichip Hybrid [WULF14b].

Der Aspekt der Miniaturisierung allein erfasst demnach noch nicht das eigentliche Potential der Mikrosystemtechnik. Dieses kommt erst durch den Systemgedanken, also die Verknüpfung vieler mikrotechnischer Komponenten zu einem komplexen Mikrosystem, zum Tragen [VÖLK06/4–5].

2.1.1.4 Monolithischer und hybrider Aufbau von Mikrosystemen

In der Mikrosystemtechnik kann grundsätzlich zwischen zwei Architekturen unterschieden werden: Der monolithische Aufbau zeichnet sich dadurch aus, dass sämtliche Funktionselemente des Mikrosystems auf einem einzelnen Chip integriert sind. Dies resultiert in einem sehr geringen Platzbedarf und in einer hohen Zuverlässigkeit, da die Verbindungswege zwischen den Komponenten kurz sind und keiner speziellen Kontaktierungstechnik bedürfen. In der Herstellung durchläuft das Substrat einen komplexen Prozess, in dem alle Komponenten gemeinsam gefertigt werden.

Im Gegensatz dazu werden die Komponenten hybrider Mikrosysteme nach ihrer Herstellung auf einem Träger miteinander verbunden. Dies hat den Vorteil, dass die einzelnen Bauelemente aus verschiedenen Werkstoffen bestehen und unabhängig voneinander mit dem jeweils optimalen Verfahren produziert werden können [HILL06/5–7].

2.1.1.5 Feinwerktechnik

Die Feinwerktechnik ging im frühen 20. Jahrhundert aus der fachlichen Kombination von Feinmechanik, Optik und Elektrik hervor, um den speziellen Anforderungen der damaligen Gerätetechnik (z.B. Funk- und Fernsprechtechnik) gerecht zu werden und war von Beginn an eine interdisziplinäre Ingenieurwissenschaft. Aufgrund der gewandelten Anforderungen und neuer Technologien wird die Feinwerktechnik heute jedoch auch zunehmend von der Optoelektronik, Steuerungs- und Regelungstechnik sowie der Mikrosystemtechnik beeinflusst, weshalb eine genaue Definition und Abgrenzung des Begriffs schwierig ist [HIER95/348], [CZIC08/184].

2.1.1.6 Subfeinwerktechnik bzw. Mikromaschinenbau

Die Produkte des sogenannten Mikromaschinenbaus sind hybride mikrotechnische Systeme, bei denen es sich oftmals um eine Miniaturisierung feinwerktechnischer Systeme handelt. Da sie mit üblichen Bauteilgrößen zwischen 0,05 und 1mm hinsichtlich der Größenordnung zwischen der Feinwerktechnik und der Mikrosystemtechnik angesiedelt sind, spricht man auch von „subfeinwerktechnischen" Systemen [WULF14a], [WULF14b].

2.1.2 Mikroproduktionstechnik

Hesselbach definiert die Mikroproduktionstechnik als „die Gesamtheit der zur Erzeugung von Mikroprodukten angewandten Techniken". Bezüglich der Fertigungsverfahren sind heute im Wesentlichen zwei Entwicklungslinien erkennbar: Zum einen die (neueren) Verfahren der Mikrosystemtechnik und zum anderen die (klassischen) Fertigungsverfahren aus der Feinwerktechnik [HESS02/1,5].

2.1.2.1 Verfahren der Mikrosystemtechnik

Mit der Erfindung des Transistors (1948) und der Herstellung erster integrierter Schaltungen auf der Basis des Halbleitermaterials Silizium (1958) begann die Ära der Mikroelektronik, die bis heute die führende Position in Hinsicht auf die Miniaturisierung einnimmt und sich in allen Bereichen des Lebens auswirkt [LOTT12/444], [VÖLK06/1]. Ermöglicht wurde diese Entwicklung durch neuartige Herstellungsverfahren, die die Fertigung elektronischer Systeme grundlegend veränderten. So wurden die Bauelemente einer Schaltung von nun an durch fotolithographische Strukturierung und Schichttechnologien auf einem gemeinsamen Halbleiter-Substrat (Silizium-Wafer) erzeugt. Die Vervollkommnung dieser Techniken ermöglichte die Beherrschung immer kleinerer Strukturgrößen (heute unter 100nm), was zu den enormen Leistungssteigerungen im Bereich der Digitalelektronik führte. Durch das sogenannte Batch Processing, bei dem eine Vielzahl von Systemen gleichzeitig (parallel) auf einem Substrat den gleichen Prozessschritten unterworfen werden, konnten darüber hinaus trotz hoher Prozesskosten geringe Stückkosten der Einzelbauteile erzielt werden [LOTT12/444], [VÖLK06/1].

Die Mikrosystemtechnik, die sich seit den 1970er Jahren entwickelte, begann das erfolgreiche Konzept der Mikroelektronik auch auf nichtelektronische Bereiche anzuwenden, um beispielsweise mechanische, optische oder fluidische Systeme durch Mikrostrukturierung herzustellen. Dabei übernahm man die planaren Verfahren der Mikroelektronik (Fotolithographie, Verfahren zur Abscheidung dünner Schichten, Ätztechnik, Batch-Processing) und entwickelte sie weiter. Es entstanden Fertigungsverfahren, die nun auch die Herstellung dreidimensionaler, beweglicher Mikrostrukturen gestatteten. Dazu gehören unter anderen:

- Tiefenlithographie
- Anisotropes Tiefenätzen von Silizium
- Opferschichttechniken
- Mikrogalvanik
- Abformtechniken
- Spritzgießen (MIM: Metal Injection Molding, CIM: Ceramic Injection Molding)
- Prägen
- Mehrebenen-Waferbondverfahren

[LOTT12/444], [VÖLK06/1–2], [HESS02/1]

2.1.2.2 Feinwerktechnische Verfahren

Mit den steigenden Bauteilanforderungen und dem Bedarf für den Einsatz neuer Werkstoffe wurden neben den bereits vorgestellten, meist siliziumbasierten Fertigungstechnologien für monolithisch aufgebaute Mikrosysteme, auch alternative Herstellungsverfahren untersucht. Dabei wurde festgestellt, dass die feinwerktechnischen Methoden zur Herstellung miniaturisierter Produkte ein hohes Potential für die Komponentenherstellung von hybriden Systemen bergen [HESS02/5–6], [LOTT12/445].

In der klassischen Feinwerktechnik werden konventionelle Fertigungsverfahren nach DIN8580 verwendet. Die minimale Größe der produzierten Einzelteile wird dabei durch die Möglichkeiten der formgebenden Verfahren sowie der vorhandene Montagetechnologie nach unten begrenzt. Da diese Grenze jedoch durch die Weiterentwicklung der Verfahren und die Nutzung neuer mikrotauglicher Materialien verschoben wird, ist eine Fertigung mittlerweile auch in mikrotechnischen Dimensionen möglich [WULF14b], [HESS02/1]. So ermöglichen die trennenden und abtragenden Verfahren wie die Mikrozerspanung, die Mikrofunkenerosion und die Mikrolaserbearbeitung zwar bei Weitem nicht die feinen Auflösungen wie die Verfahren der Mikrosystemtechnik, bieten dafür aber den größeren gestalterischen Spielraum bezogen auf die Werkstoffauswahl und die Komplexität der Geometrie. Aufgrund ihrer Flexibilität, der nicht erforderlichen Masken- bzw. Formentechnik und der kurzen Fertigungszeiten zeichnen sich außerdem große Vorteile bei der Produktion kleiner Stückzahlen ab [LOTT12/445], [HESS02/5–6], [LABO14a].

2.2 SPP 1476 „Kleine Werkzeugmaschinen für kleine Werkstücke"

Es ist zu erwarten, dass der vorherrschende Miniaturisierungstrend anhält und immer neue Anforderungen bezüglich Komplexität, Funktionalität und verwendbarer Werkstoffe mit sich bringt. Schon heute steigt der Bedarf an hybriden mikrotechnischen Systemen der Subfeinwerktechnik und macht weitere produktionstechnische Forschung erforderlich. Aufgrund ihrer Flexibilität und Eignung für kleine Stückzahlen liegt dabei ein Schwerpunkt auf den trennenden und abtragenden Verfahren [LABO14b], [WULF14a].

Während aktuelle Forschungsaktivitäten sich primär der Skalierung der Fertigungsverfahren und der Bildung von Prozessketten zur Herstellung der Mikrowerkstücke widmen, besteht darüber hinaus eine Notwendigkeit, die eingesetzten Werkzeugmaschinen selbst für die neuen Anforderungen zu qualifizieren [LABO14b]. Dies wird deutlich, wenn man kommerziell verfügbare Werkzeugmaschinen zur Herstellung von Mikrobauteilen betrachtet (Bild 2.1). Es handelt sich dabei in der Regel um Konstruktionen, die von den Maschinen der Makrofertigung abgeleitet sind und diesen in ihren geometrischen Abmessungen, ihrer Kinematik und den verwendeten Elementen (Gestelle, Führungen, Antriebe) ähneln [LABO14a].

Bild 2.1: Werkzeugmaschine zur Herstellung von Mikrobauteilen [KUGL14]

Bezieht man nun die technischen, ökonomischen und ökologischen Kenngrößen dieser Maschinen auf die Größe der damit hergestellten Bauteile, ergeben sich extreme Missverhältnisse. So übersteigt z. B. der Arbeitsraum die zu erzeugenden Mikrostrukturen um mehrere Größenordnungen. Aus dem großen Verhältnis von Arbeitsraum zu Werkstückabmessungen folgt auch das ungünstige Verhältnis von bewegter Maschinenmasse zu Werkstückmasse, was wiederrum einen unnötig hohen Aufwand bei der Herstellung (Material) und im Betrieb (Energiebedarf, Aufstellfläche) der Maschine zur Folge hat [LABO14a]. Darüber hinaus limitieren die genannten Verhältnisse die fertigbare Bauteilkomplexität. So müssen in der Mehrachsbearbeitung aufgrund der großen Störkonturen der Maschinenkomponenten ungünstige Aufspannsituationen in Kauf genommen werden. Diese machen jedoch als Folge großer Pivot-Längen wiederum große Verfahrbewegungen und hohe Beschleunigungen der Maschine erforderlich [LABO14a]. Die dargestellten Zusammenhänge beschränken die Mikrofertigung auf heutigen Werkzeugmaschinen somit sowohl in wirtschaftlicher Hinsicht als auch in Bezug auf die mögliche Bauteilkomplexität [LABO14a].

    Vor diesem Hintergrund wurde im Mai 2009 das von der Deutschen Forschungsgemeinschaft (DFG) geförderte SPP 1476 „Kleine Werkzeugmaschinen für kleine Werkstücke" eingerichtet. Es hat zum Ziel, Konzepte für neuartige größenangepasste Werkzeugmaschinen zur Verfügung zu stellen, die eine wirtschaftliche Einzel-, Kleinserien- und Massenproduktion von komplexen Mikrowerkstücken ermöglichen [LABO14a], [WULF10].

Das Schwerpunktprogramm konzentriert sich ausschließlich auf Maschinen für abtragende Verfahren unter Nutzung mechanischer (Spanen), thermischer (Laser), elektrothermischer (Funkenerosion) und elektrochemischer Energie. Dazu wird vorausgesetzt, dass die gängigen Fertigungsprozesse sowie die zugehörigen Prozessgrößen zur Erzeugung von Mikrostrukturen beherrscht werden und unabhängig von der eingesetzten Werkzeugmaschine sind [LABO14b], [WULF10].

Die Maßnahmen zum Erreichen der Forschungsziele sollen sich nicht allein auf die Skalierung bestehender Maschinenkonzepte bzw. ihrer Kinematik, Struktur und Elemente beschränken [LABO14a]. Es wird vielmehr angestrebt, die vielfältigen Nachteile heutiger Werkzeugmaschinen durch ein systematisches Vorgehen und den Einsatz fachübergreifender, interdisziplinärer Problemlösungsansätze umfassend zu beseitigen. Im Zentrum des Interesses steht daher zunächst die Auflösung der herkömmlichen Maschinenstrukturen sowie die anschließende Neuordnung und Integration aller benötigten Funktionen in wenige Module. Durch die konsequente Miniaturisierung und die Verringerung der Anzahl notwendiger Maschinenkomponenten durch Funktionsintegration (z.B. Vereinigung von Antrieb und Gestell), wird die geforderte Anpassung der Baugröße und des Arbeitsraums der Maschine an die Werkstücke erreicht. Daraus folgt eine geringere bewegte Masse, die eine hohe Dynamik begünstigt sowie kürzere Kragarme und geringere thermische Dehnlängen, die die statische und thermische Steifigkeit positiv beeinflussen [WULF10], [LABO14a].

Weitere wichtige Forschungsgegenstände des SPP sind die Flexibilität und Veränderungsfähigkeit der modular aufgebauten Maschinen. Durch entsprechende Kombination sollen die Module stets optimal auf das zu fertigende Teilespektrum angepasst werden können und auch die Kombination verschiedener Fertigungstechnologien ermöglichen [WULF10].

2.3 Hochgenaue und dynamische Vorschubantriebe

Anspruchsvolle Positionier- und Bearbeitungsaufgaben werden heute in der Regel durch Maschinen realisiert, die aus mehrachsigen, seriellen kinematischen Ketten aufgebaut sind. In derartigen Ketten trägt jede Achse die darauffolgende, wodurch die ersten Achsen aufgrund der bewegten Massen am stärksten beansprucht werden. Sie sind daher stabiler auszulegen und erfordern größere Antriebsleistungen zum Erreichen der gewünschten Dynamik. Darüber hinaus führt die Reihenschaltung der Achsen zu einer abnehmenden Gesamtsteifigkeit und Fehler der Einzelachsen pflanzen sich entlang der Kette fort und werden einander überlagert [DENK03]. Da in der Fertigungstechnik jedoch immer dynamischere und genauere Vorschubbewegungen gefordert werden, wird versucht diese Nachteile durch den Einsatz besser geeigneter Antriebskonzepte und Maschinenstrukturen zu vermeiden. Dabei wird im Bereich der Mikroproduktionstechnik zusätzlich eine möglichst kompakte Bauweise der gesamten Maschine angestrebt (vgl. Kap. 2.2).

Eine Möglichkeit den genannten Forderungen zu begegnen, ist der Einsatz von parallelen kinematischen Ketten. Diese lösen zwar die Probleme der großen bewegten Massen und der Fehlerfortpflanzung, jedoch begrenzen die Koppelstellen der einzelnen rotatorischen oder translatorischen Antriebe weiterhin die erreichbare Steifigkeit und Positioniergenauigkeit. Darüber hinaus ist das Verhältnis von Bauraum zu nutzbarem Arbeitsraum bei parallelkinematischen Maschinen in der Regel ungünstig [KAHL02]. Der Ansatz, der im Rahmen dieses Forschungsprojekts verfolgt wird, beruht dagegen auf der Integration mehrerer Koordinatenbewegungen in nur einem sogenannten Mehrkoordinatenantrieb. Dieses Konzept löst sich vollständig von der Verkopplung einachsiger Antriebe zu kinematischen Ketten und scheint geeignet die damit verbundenen Nachteile zu eliminieren.

Nach der Konkretisierung des Begriffs „Antrieb" bzw. „Antriebssystem" werden im Folgenden die allgemeinen Merkmale der Direktantriebe und darauf aufbauend die der Mehrkoordinatenantriebe vorgestellt. Anschließend wird genauer auf Planarmotoren, ihren Aufbau und ihre Vorteile gegenüber anderen ebenen Antriebskonzepten eingegangen.

2.3.1. Antriebssysteme

„Antreiben bedeutet im technischen Sinne das zeitlich und räumlich definierte Bewegen eines Körpers unter Überwindung von Bewegungswiederständen – also grundsätzlich das Verrichten mechanischer Arbeit." [KALL91/11]

Die dazu erforderliche Energie muss einer Energiequelle entnommen, in Bewegungsenergie umgewandelt und in geeigneter Weise auf den zu bewegenden Körper übertragen werden. Die Gesamtheit der Elemente zur Bewegungserzeugung, also zur Wandlung, Steuerung und Übertragung der Energie, bilden das Antriebssystem bzw. kurz den Antrieb. Antriebssysteme haben grundsätzlich den in Bild 2.2 dargestellten Aufbau [SCHÄ96].

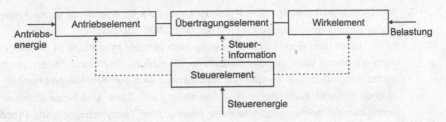

Bild 2.2: Grundaufbau eines Antriebssystems vgl. [SCHÄ96]

Die vom Antriebselement durch Energiewandlung bereitgestellte Bewegungsenergie wird dem Wirkelement über Übertragungselemente (Wellen, Getriebe, Mechanismen usw.) zugeführt. Diese werden benötigt, um die mechanische Leistung an die Wirkstelle zu leiten oder um Bewegungsform und Bewegungsmaß anzupassen. Die geforderte Bewegung kann durch gezielte Beeinflussung der zugeführten Energie, des Leistungsflusses am Übertragungselement oder durch die Veränderung des Bewegungswiderstandes am Wirkelement gesteuert werden [SCHÄ96].

Ein anschauliches Beispiel für diese abstrakte Betrachtungsweise ist die in Bild 2.3 dargestellte lineare Vorschubachse. Hier wird die zugeführte elektrische Energie vom Motor (Antriebselement) in Bewegungsenergie gewandelt. Die rotatorische Bewegung der Motorwelle wird durch den Gewindetrieb (Übertragungselement) in eine Linearbewegung des Schlittens (Wirkelement) umgesetzt.

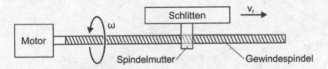

Bild 2.3: Linearachse mit Gewindetrieb

2.3.2 Direktantriebe

Antriebe, bei denen die vom Antriebselement erzeugte Bewegung mit der des Wirkelements identisch ist, und bei denen auf jegliche Übertragungselemente verzichtet wird, bezeichnet man als Direktantriebe. Sie zeichnen sich dadurch aus, dass mit den mechanischen Übertragungselementen auch deren negative Eigenschaften wie Elastizität, Spiel, Umkehrspanne, zusätzliche Trägheitsmasse und Reibung entfallen. Da die genannten Aspekte häufig begrenzende Faktoren im Hinblick auf Geschwindigkeit, Laststeifigkeit, Verfahrweg und Dynamik des Antriebssystems darstellen, bieten Direktantriebe ein großes Potential besonders für hochdynamische Antriebe mit hoher Positioniergenauigkeit [SCHÄ96], [WECK06/30].

Unter dem Begriff Linear-Direktantrieb versteht man heute in der Regel elektromechanische Wandler, die als Schritt-, Synchron-, Asynchron- oder Gleichstrommotor ausgeführt sein können. Ihr Aufbau lässt sich aus den entsprechenden rotatorischen Motoren durch die lineare Abwicklung von Stator und Rotor ableiten. Dabei entstehen die beiden gegeneinander beweglichen Teilsysteme, die als Primär- und Sekundärteil bezeichnet werden [WECK06/30]. Bild 2.4 stellt beispielhaft und stark vereinfacht den prinzipiellen Aufbau eines permanenterregten Synchronlinearmotors dar. In Bild 2.4 (a) - (c) wird zunächst die Vorstellung des „Abwickelns" von Rotor und Stator verdeutlicht. Bild 2.4 (d) zeigt schließlich den typischen Aufbau mit bewegtem Primärteil und stationärem Sekundärteil.

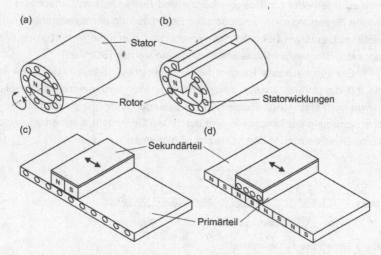

Bild 2.4: Synchronlinearmotor als abgewickelter Synchronmotor vgl. [SEW 14]

Für große Antriebsleistungen (z. B. in Werkzeugmaschinen) werden üblicherweise lineare Synchron-, Asynchron- und Schrittmotoren eingesetzt. Im Bereich geringer Antriebsleistungen und bei kleinen Verfahrwegen werden dagegen hauptsächlich Gleichstromlinearmotoren verwendet [STÖL11/200–201].

Während rotatorische Direktantriebe im Werkzeugmaschinenbau als Motorspindeln oder in Drehtischen weit verbreitet sind, werden lineare Vorschubbewegungen in diesem Bereich aktuell noch überwiegend durch die Kombination von rotatorischen Elektromotoren mit Umwandlungsgetrieben (Kugelgewindetrieb, Zahnstangengetriebe) erzeugt. Der Grund dafür liegt in den Kostenvorteilen von problemneutralen, in großen Mengen produzierten Motoren, die erst durch die nachgeschalteten mechanischen Komponenten an ihre Bewegungsaufgabe angepasst werden. Wachsende Anforderungen an die Maschinen führen jedoch mit zunehmender Häufigkeit auch zum Einsatz von Lineardirektantrieben [WECK06/30], [STÖL11/200].

2.3.3 Mehrkoordinatenantriebe

Als Mehrkoordinatenantriebe bezeichnet man Antriebssysteme, die gesteuerte/geregelte Translations- und/oder Rotationsbewegungen entlang bzw. um mehrere unabhängige Achsen ausführen können [ZENT05]. Die Bewegungen werden ohne Bewegungsumformer und mit nur einem Einmassenläufer realisiert [STÖL11/215]. Damit gehören Mehrkoordinatenantriebe per Definition auch zur Gruppe der Direktantriebe (siehe 2.3.2).

2.3.4 Planarmotor

Planare Mehrkoordinatenantriebe sind Mehrkoordinatenantriebe, die mehrere unabhängige Bewegungen in einer Ebene ausführen und werden auch Planar- oder Flächenantriebe bzw. –motoren genannt [ZENT05]. Sie bestehen aus zwei wesentlichen Komponenten, dem Läufer und dem Stator (Bild 2.5) und ermöglichen in der Regel die translatorische Bewegungen entlang der x- und y-Achse sowie teilweise die Drehung φ um die z-Achse. Damit können Planarmotoren prinzipiell alle natürlichen Bewegungsfreiheitsgrade eines Körpers in der Ebene realisieren.

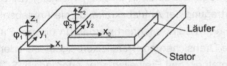

Bild 2.5: Freiheitsgrade von Planarmotoren vgl. [SCHÄ96]

Um das Konzept des Planarmotors und seine Vorteile zu verdeutlichen, wird es nun anderen Antriebssystemen zur Realisierung ebener Bewegungen gegenübergestellt. Die folgende Darstellung (Bild 2.6) zeigt unabhängig vom Wirkprinzip der Krafterzeugung grundlegende Strukturen mit seriell und parallel angeordneten sowie in den Läufer integrierten Antriebselementen.

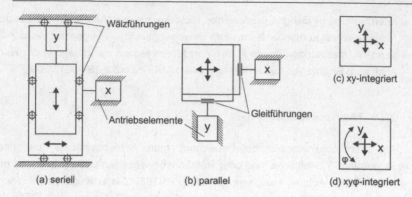

Bild 2.6: Anordnung der Antriebselemente vgl. [SCHÄ96]

Die serielle Anordnung in Bild 2.6 (a) entspricht dem klassischen Aufbau eines Kreuztisches aus gestapelten Linearachsen, die durch Hinzufügen einer zusätzlichen Drehachse um einen dritten Freiheitsgrad erweitert werden kann. Mit jeder weiteren Achse summieren sich jedoch die zu bewegenden Massen sowie das Spiel, die Umkehrspanne und die Elastizität der Koppelstellen, wodurch komplexe schwingungsfähige Systeme entstehen. Darüber hinaus überlagern sich auch die Einzelfehler der Achs-Messsysteme und tragen zum Positionsfehler des Tisches bei [SCHÄ96].

Die parallele Kopplung der Motorachsen nach Bild 2.6 (b) vermeidet die Addition der Einzelfehler und reduziert die bewegte Masse. Es muss jedoch weiterhin ein Führungssystem mitbewegt werden, das einerseits die Antriebskräfte auf den Tisch überträgt und andererseits die Orthogonalität der Achsen zueinander und zum gestellfesten Bezugssystem gewährleistet [SCHÄ96].

Bei Planarmotoren mit Bewegungsfreiheit in x- und y-Richtung (Bild 2.6 (c)) entfallen die Führungen zur Übertragung der Antriebskräfte, da die Antriebselemente im Sinne eines Direktantriebs in den Läufer integriert werden. In diesem Fall ist jedoch weiterhin eine mechanische Drehsicherung (Parallelkurbelgetriebe oder Kreuzschubführung) zum Binden des rotatorischen Freiheitsgrades erforderlich [SCHÄ96].

Eine neue Qualität wird dann erreicht, wenn auch noch auf diese Verdrehsicherung verzichtet und stattdessen ein weiterer Regelkreis zur Azimutregelung implementiert wird. Voraussetzung dafür ist allerdings, dass der Planarmotor - zumindest in einem gewissen Winkelbereich - Momente um die z-Achse erzeugen kann. Des Weiteren ist ein Mehrkoordinatenmesssystem erforderlich, das eine Verdrehung φ des Läufers in diesem Winkelbereich erfassen kann. Diese xyφ-Planarantriebe (Bild 2.6 (d)) unterteilen sich schließlich in Antriebe mit „echter" Drehfreiheit und solche, bei denen nur eine Ausregelung sehr kleiner $\Delta\varphi$ um die Orthogonallage möglich ist. [SCHÄ96].

Das große Potential der planaren Mehrkoordinatenantriebe besteht somit in der hohen Integrationsdichte, die den Aufbau eines mehrdimensionalen Antriebs mit nur einer bewegten Komponente (Läufer) ermöglicht und so zu kleinen Bauformen und geringen bewegten Massen führt. Durch die direkte Antriebskrafteinleitung am Läufer treten weder Spiel noch Nachgiebigkeit aufgrund von Koppelstellen auf. In Verbindung mit einer nahezu reibungsfreien Läuferführung und einem entsprechend genauen Messsystem sind daher hochgenaue und dynamische Vorschubantriebe realisierbar. Nachteilig wirken sich im Wesentlichen die steigenden Anforderungen an das Messsystem und der große regelungstechnische Aufwand aus [ZENT05].

Das beschriebene Konzept des planaren Mehrkoordinatenantriebs kann unter Verwendung verschiedener Technologien und Wirkprinzipien umgesetzt werden. Die spezifischen Eigenschaften des resultierenden Gesamtsystems werden dann im Wesentlichen von den Eigenschaften und dem Zusammenwirken der folgenden Teilsysteme beeinflusst (vgl. SCHÄ96):

- Krafterzeugende Elemente
- Führung des Läufers
- Mehrkoordinatenmesssystem
- Steuerung

Die ersten beiden Punkte sind im Rahmen dieser Arbeit von besonderem Interesse und werden in den folgenden beiden Abschnitten genauer betrachtet.

2.3.4.1 Erzeugung der Vorschubkräfte

Aufgrund verschiedener Einsatzgebiete und den damit verbundenen Anforderungen existiert eine Vielzahl verschiedener, auch kommerziell erhältlicher Planarmotoren, die unterschiedliche Wirkprinzipien zur Krafterzeugung nutzen. So kommen verschiedene elektrische aber teilweise auch hydraulische oder pneumatische Lösungen zur Anwendung [KAHL02]. Im Hauptteil der Arbeit wird die Konfiguration und Anordnung der krafterzeugenden Elemente für den neuartigen, fluiddynamischen Antrieb ausführlich behandelt. An dieser Stelle soll daher exemplarisch und stellvertretend für die vorhandenen Alternativen, nur der weit verbreitete planare Reluktanzschrittmotor vorgestellt werden [KAHL02].

Antriebe dieses Typs basieren auf der Idee, mehrere lineare Schrittmotoren in einem Antrieb zu kombinieren, um die gewünschten Bewegungsrichtungen zu ermöglichen. Die einzelnen Schrittmotorelemente (Bild 2.7 (a)) bestehen dabei aus mehreren Eisenjochen, deren jeweiligen Spulenwicklungen einzeln bestromt werden können. Der magnetische Kreis jedes Joches wird über den Stator geschlossen, der mit ausgeprägten Statorzähnen versehen ist. Da die Joche eines Elementes in Abhängigkeit der Nutenteilung des Stators räumlich zueinander versetzt sind, kann durch die entsprechende Bestromung der einzelnen Phasen (A, B, C siehe Bild 2.7 (a)) immer eine Vorschubkraft erzeugt werden.

Bild 2.7 (b) zeigt die orthogonale Anordnung mehrerer dieser linearen Aktoreinheiten am Läufer. Sie ermöglicht bei geeigneter Steuerung der Phasenströme das Aufbringen von Kräften und Momenten zur Positionierung des Läufers in den drei Koordinaten x,y, und φ [KAHL02].

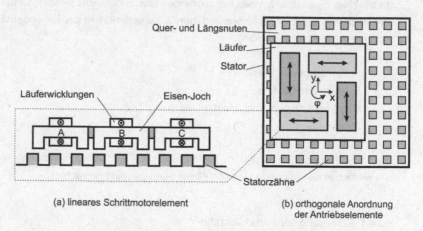

(a) lineares Schrittmotorelement

(b) orthogonale Anordnung
der Antriebselemente

Bild 2.7: Aufbau eines planaren Reluktanzschrittmotors vgl. [KAHL02]

Neben den gewünschten Vorschubkräften entstehen prinzipbedingt auch anziehende Kräfte zwischen Stator und Läufer, die durch eine entsprechende Führung aufgenommen werden müssen. Werden die Statornuten mit magnetisch nicht leitfähigem Material (z.B. Epoxid) gefüllt, so kann die entstehende glatte Statoroberfläche als Gegenfläche für aerostatische Führungen dienen [KAHL02].

Eine kommerziell erhältliche Umsetzung eines solchen Aufbaus ist in Bild 2.8 zu sehen. In dem dargestellten Fall werden zwei Läufer auf einem gemeinsamen Stator betrieben. Es ist erkennbar, dass sowohl die Druckleitung für die aerostatische

Führung, als auch die Stromversorgung der Spulen über Schleppketten zum Läufer geführt werden müssen.

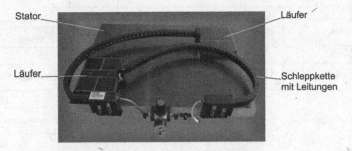

Bild 2.8: Planar-Schrittmotor mit zwei Läufern [RUCH14]

2.3.4.2 Läuferführung für Planarmotoren

Führungen sind Konstruktionen, die dafür sorgen, dass ein Bauteil auf dem anderen beteiligten Bauteil nur in einem Freiheitsgrad bewegt werden kann. Werden die sechs natürlichen Bewegungsfreiheitsgrade des Körpers auf eine Translation beschränkt, so spricht man von Längs- oder Linearführungen. Bleibt nur ein Rotationsfreiheitsgrad ungesperrt, so handelt es sich um eine Rundführung, die im üblichen Sprachgebrauch jedoch als Lagerung bezeichnet wird [ARND09/216].

Im Kontext der Planarantriebe werden Bauteilpaarungen benötigt, die Bewegungen in der z-Koordinate sperren und lediglich die drei Bewegungsfreiheitsgrade des Läufers in der Ebene zulassen (siehe Bild 2.5). Da zur Beschreibung einer derartige Paarung kein Synonym bekannt ist, soll im Folgenden auch dafür der Begriff der Führung verwendet werden [SCHÄ96]. Die Möglichkeiten zur Realisierung einer solchen Läuferführung sind vielfältig und können nach ihrem Wirkprinzip in vier Gruppen gegliedert werden (Bild 2.9).

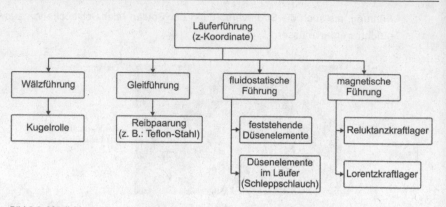

Bild 2.9: Möglichkeiten zur Läuferführung von Planarmotoren vgl. [SCHÄ96]

Aufgrund der Stick-Slip-Freiheit und des sehr kleinen konstanten Reibwertes sind für präzise Anwendungen besonders aerostatische und magnetische Führungslösungen prädestiniert. Magnetische Führungen können darüber hinaus eingesetzt werden, wenn die Forderung der Kontaminationsfreiheit besteht, da weder Abrieb entsteht noch anderweitige Medien austreten [SCHÄ96].

2.4 Der fluiddynamische xy-Planarantrieb

Die Ergebnisse der bisherigen Forschungsarbeit am fluiddynamischen Antriebskonzept ermöglichten die Entwicklung eines planaren Mehrkoordinatenantriebs und dessen Realisierung in Form eines Demonstrators. Dieser Antrieb soll im folgenden Abschnitt vorgestellt werden. Dabei erfolgt zunächst die Beschreibung des grundlegenden Aufbaus, der Anordnung der Funktionselemente und der Funktionsweise der wesentlichen Teilsysteme. Anschließend wird das Wirkprinzip zur Erzeugung der Vorschubkräfte und dessen Integration in den Mehrkoordinatenantrieb ausführlich erläutert. Abschließend werden die wichtigsten Eigenschaften, Vorteile und Entwicklungspotentiale des fluiddynamischen Antriebs zusammengefasst. Die Umsetzung der Ansteuerung der Antriebs- und Führungsdüsen sowie der regelungstechnische Aspekt sind in dieser Arbeit nur in Ansätzen berücksichtigt.

2.4.1 Aufbau

Als Vertreter der planaren Mehrkoordinatenantriebe besteht auch der fluiddynamische xy-Antrieb aus zwei wesentlichen Komponenten: Dem ortsfesten Stator und dem darauf geführten und direktangetriebenen Läufer, der im weiteren Verlauf der Arbeit als Tisch oder Schlitten bezeichnet wird. Bild 2.10 zeigt beide Komponenten mit den symmetrisch angeordneten Funktionselementen.

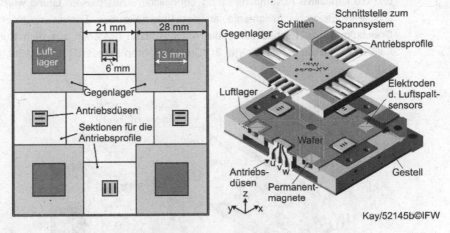

Bild 2.10: Aufbau und Funktionselemente des Demonstrators vgl. [DENK13a]

Der Stator bzw. das Gestell trägt vier Gruppen mit je drei Antriebsdüsen. Jedes dieser Düsenpakete bildet in Kombination mit den zugehörigen Antriebsprofilen am monolithisch aufgebauten Läufer eine Aktoreinheit bzw. ein Antriebselement zur Erzeugung der Vorschubkräfte. Ihre Funktionsweise wird in Abschnitt 2.4.2 ausführlich erläutert. In ähnlicher Weise wird aus vier weiteren Düsenelementen im Stator in Verbindung mit den Gegenflächen am Läufer ein aktives aerostatisches Führungssystem gebildet, das die Bewegungsfreiheit des Tisches in z-Richtung sperrt [DENK13a]. Die Fläche der Funktionsbereiche am Tisch (Bild 2.10 links) ist so bemessen, dass die Paarungen der Antriebsdüsen und Profilbereiche bzw. der Führungsdüsen und Führungsflächen einen quadratischen Arbeitsraum von 15mm x 15mm zulassen [DENK13a]. Der quadratische Bereich in der Mitte des Tisches ist als Aufspannbereich für Werkstücke bzw. als Schnittstelle für ein Spannsystem nutzbar.

Alle Mikrokanäle und Düsen der Luftführung wurden mittels Laserschneiden bzw. Laserabtragen in einen Keramik-Wafer eingebracht, der sich durch eine hohe

Oberflächengüte und Ebenheit auszeichnet. Auch die Elektroden für das kapazitive Abstandsmesssystem zur Luftspaltregelung konnten durch Sputtern direkt auf dem Wafer erzeugt werden. Zur Erhöhung der Steifigkeit sind die Lager durch Permanentmagnete vorgespannt, die sich unter dem Wafer in der Vordruckkammer der Führungsdüsen befinden (siehe Bild 2.11). Die Führungs- und Messgegenflächen am Tisch müssen weichmagnetisch ausgeführt sein und eine hohe Ebenheit aufweisen, damit sie sowohl die aerostatische Führung als auch die magnetische Vorspannung und die kapazitive Abstandsmessung ermöglichen. Aus diesem Grund wurden geschliffene Elektroblechsegmente an der Unterseite des Tisches angeklebt. Der Grundkörper des Tisches sowie die Antriebsdüsen bestehen aus dem Kunststoff FullCure® und wurden im Polyjet 3D-Druckverfahren hergestellt [DENK13a], [DENK 12].

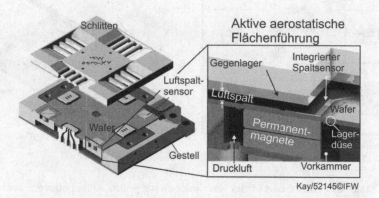

Bild 2.11: Aktives aerostatisches Führungssystem vgl. [DENK13a]

Sowohl die Antriebs- als auch die Führungsdüsen werden über Servoventile mit integriertem Druckregelkreis mit Luft beaufschlagt. Diese befinden sich in dem Sockel, der das Gestell trägt und damit in unmittelbarer Nähe zu den Düsen (Bild 2.16 links).

Das Positions-Messsystem ist extern in Form von drei Lasertriangulationssensoren ausgeführt, die zwei orthogonale Außenflächen des Tisches erfassen (Bild 2.16 links). Über eine kinematische Transformation können aus den Abstandsmessungen der Sensoren die Position und Orientierung des Tisches ermittelt werden [DENK13a].

Die Regelung des gesamten Systems wurde auf einer Rapid-Prototyping-Reglerplattform der Firma dSpace implementiert.

2.4.2 Erzeugung der Vorschubkraft

2.4.2.1 Wirkprinzip

Das neuartige Antriebsprinzip nutzt dreieckige Antriebsprofile, auf deren Flanken durch definierte Anströmung mit einem Fluid Kräfte wirken. Im Falle des Demonstrators handelt es sich bei dem Fluid um Luft aus einer Druckluftversorgung.

Wird eine Antriebsdüse mit Druck beaufschlagt, so bildet sich ein Freistrahl aus, der bei günstiger Ausrichtung von Profil und Düse entsprechend Bild 2.12 mittig auf eine Dreiecksflanke trifft. Bei reibungsfreier Betrachtung und unter Vernachlässigung der Erdbeschleunigung, wird der als inkompressibel angenommene Fluidstrom dabei in parallel zur Anströmfläche verlaufende Teilströme aufgeteilt. Der Betrag der Strömungsgeschwindigkeit der Teilstrahlen entspricht aufgrund der Energieerhaltung anschließend wieder dem des Düsenstrahls ($v_0 = v_1 = v_2$). Aus der Richtungs- bzw. Impulsänderung der Strömung resultiert eine Reaktionskraft (Strahlkraft) normal zur angeströmten Fläche. Die horizontale Komponente dieser Kraft kann als Vorschubkraft genutzt werden, die gleichgroße vertikale Komponente wird von der magnetisch vorgespannten Führung aufgenommen [TRUC08/330–332], [DENK13b], [DENK13a].

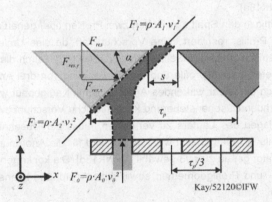

Bild 2.12: Analytisches Modell zur Berechnung der Vorschubkraft [DENK13b]

Die resultierende Vorschubkraft kann, anhand des in Bild 2.12 dargestellten Modells und mit den genannten vereinfachenden Annahmen, analytisch berechnet werden. Dazu muss lediglich die Impulserhaltungsgleichung normal zur Ablenkfläche für das in Bild 2.12 blau eingezeichnete Kontrollvolumen aufgestellt werden [SIGL12/203]. Sie ergibt sich zu:

$$F_{res,x} = \rho \cdot A_0 \cdot v_0^2 \cdot \frac{\sin 2\alpha}{2} \qquad\qquad (2.1)$$

Dabei bezeichnet ρ die konstante Dichte des Fluids, A_0 den Flächeninhalt des Düsenquerschnitts und v_0 die Strömungsgeschwindigkeit am Düsenaustritt.

Bezogen auf den Neigungswinkel α der Dreiecksflanke zur Horizontalen, nimmt die Vorschubkraft demnach bei $\alpha = 45°$ ihr Maximum an. Sie entspricht dann genau der Hälfte des Impulsstroms der Düse, welcher in diesem Zusammenhang auch als Strahlkraft des Freistrahls interpretiert werden kann und daher mit F_0 bezeichnet wird. [DENK13a]:

$$F_{res,x,max} = \rho \cdot A_0 \cdot v_0^2 \cdot \frac{1}{2} = \frac{1}{2} \cdot F_0 \qquad\qquad (2.2)$$

Zur weiteren Erhöhung der Vorschubkraft sind die Antriebsprofile des Demonstrators mit einer konvex gewölbten Oberseite ausgeführt (siehe Bild 2.13). Sie bewirkt gegenüber der einfachen Dreiecksform eine stärkere Strahlumlenkung, da sich die reale Strömung aufgrund von Reibungseffekten nicht direkt von der begrenzenden Oberfläche ablöst. Dieses Phänomen wird als Coanda-Effekt bezeichnet [SIGL12/104]. Durch die stärkere Umlenkung kann eine größere Impulsänderung des Eingangsstrahls erreicht werden, die wiederum zu einer Steigerung der Vorschubkraft von 35% führt [DENK13a].

Trifft der Strahl mittig in den Spalt s zwischen zwei Profilen oder genau auf die untere Profilkante eines Profils, resultiert keine Vorschubkraft, da eine Umlenkung nicht oder genau symmetrisch zu beiden Seiten erfolgt [DENK13b]. Durch die periodische Anordnung mehrerer Antriebsprofile und die Verwendung von drei Antriebsdüsen kann aber dennoch ein linear wirkendes Antriebselement aufgebaut werden, das bei einer entsprechenden Düsenansteuerung kontinuierliche Vorschubbewegungen ermöglicht. Um Totlagen des Läufers zu vermeiden, muss der Düsenabstand allerdings an die Profilteilung τ_P angepasst werden. Sie wird für die Anordnung von drei Düsen im Demonstrator genau zu $\tau_P/3$ gewählt [DENK13b]. Die konkreten Maße der verwendeten Düsen- und Profilgeometrien sowie ihrer Anordnung können Bild 2.13 entnommen werden.

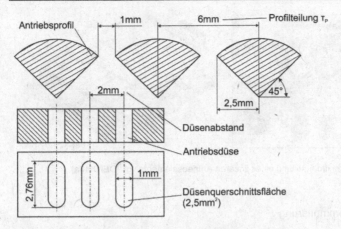

Bild 2.13: Querschnitte und Anordnung der Düsen und Antriebsprofile

2.4.2.2 Anordnung der linearen Antriebselemente am Tisch

Durch die bereits unter 2.4.1 beschriebene symmetrische Anordnung der Profilbereiche am Tisch ergibt sich eine Konfiguration der Antriebselemente, die der des planaren Schrittmotors in Bild 2.7 stark ähnelt.

Die Kräfte der einander gegenüberliegenden Aktoreinheiten liegen auf parallellen Wirklinien und können gleich- oder einander entgegengerichtet sein. Durch ihre Überlagerung können somit in jeder Tischposition die benötigten Vorschubkräfte in x- und y-Richtung sowie Momente um die z-Achse eingeleitet werden. Bild 2.14 zeigt im Schnitt das Zusammenwirken von Antriebsdüsen und Profilen eines Antriebselements sowie die beiden Bewegungsrichtungen des Tisches. Neben der Positionierung in x- und y-Richtung innerhalb des Arbeitsraums erlaubt die Profil- und Düsenanordnung in der Mittelstellung des Tisches eine steuerbare Verdrehung φ von maximal ±15° [DENK13a].

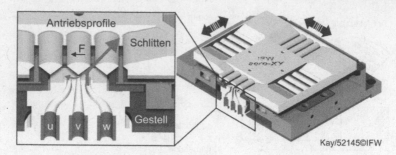

Bild 2.14: Schnittdarstellung eines linearen Antriebselements vgl. [DENK13a]

2.4.2.3 Kommutierung

Um über den gesamten Stellbereich eines Antriebselements eine möglichst konstante Kraft und gleichmäßige Vorschubbewegungen erzeugen zu können, müssen die drei Antriebsdüsen u, v und w (Bild 2.14) in geeigneter Weise bestromt werden. Das periodische an- und abschalten der einzelnen Düsen soll, wie bei der Bestromung von Motorwicklungen elektrischer Maschinen üblich, als Kommutierung bezeichnet werden.

Der genaue Ablauf der Kommutierung wurde experimentell abgeleitet [DENK13a]. Dazu wurde neben der Drehung um die z-Achse auch die Bewegung des Tisches in y-Richtung gesperrt. Der ausschließlich in x-Richtung bewegliche Tisch wurde dann an einen Kraftaufnehmer (Auflösung 1mN) gekoppelt und über die konstant bestromten Antriebsdüsen der x-Richtung geschleppt. So konnten für die einzeln bestromten Düsen (u, v, w) sowie für die Kombinationen aus zwei aktiven Düsen (uv, uw, vw) Kraftverläufe über den Stellweg aufgenommen werden.

Aus der Darstellung dieser Kraftverläufe in Bild 2.15 ist erkennbar, wie die Vorschubkräfte einzelner Düsen im Bereich des Übergangs zwischen zwei Profilflanken verschwinden und anschließend mit entgegengesetzter Wirkrichtung wieder ansteigen. Um ein gleichmäßig hohes Kraftniveau gewährleisten zu können, ist es an eben diesen Stellen erforderlich, mehrere Düsen gleichzeitig einzuschalten. Soll beispielsweise eine Bewegung in negative x-Richtung ausgeführt werden, für die eine Vorschubkraft von F = -1N erforderlich ist, so kann Bild 2.15 entnommen werden, dass die Düsen periodisch in der Kombinationsfolge u, uw, w, vw, v und uv eingeschaltet werden müssen, damit die Vorschubkraft entlang des Weges nicht unter das geforderte Niveau fällt.

Neben der Ermittlung der optimalen Kommutierungsstellen, an denen der Übergang zwischen den genannten Düsenkombinationen erfolgt, wurde anhand der Messungen eine regelungstechnische Kompensation der verbleibenden Kraftwelligkeit implementiert [DENK13a].

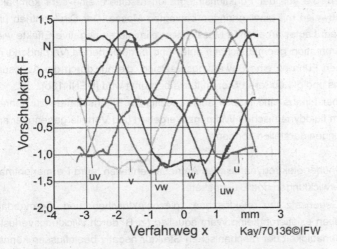

Bild 2.15: Kraftverläufe verschiedener Düsenkombinationen [DENK13a]

2.4.3 Eigenschaften

Der fluiddynamische Antrieb weist alle charakteristischen Eigenschaften eines planaren Mehrkoordinatenantriebs auf. So ermöglicht die geringe Anzahl an Maschinenkomponenten, die aus der Funktionsintegration resultiert, eine sehr kompakte und einfache Bauweise mit einer geringen bewegten Masse. Der Direktantrieb und das unmittelbar am Läufer arbeitende Messsystem eliminieren negative Effekte wie Spiel oder die Summation geometrischer Fehler und ermöglichen in Verbindung mit der aerostatischen Führung eine Bewegungspräzision, die nur durch die Auflösung des Messsystems und die äußeren Störeinflüsse begrenzt wird [DENK13b].

Darüber hinaus sind jedoch auch spezifische Eigenschaften zu nennen, die sich aus dem fluiddynamischen Wirkprinzip ergeben und Vorteile gegenüber anderen Antriebslösungen darstellen können:

- Gegenüber elektrodynamischen Antrieben entfallen teure Permanentmagnete, Kupferwicklungen und Blechpakete.

- Im Gegensatz zu elektrischen, piezoelektrischen und Formgedächtnisantrieben existieren keine Wärmequellen (z. B. durch Wicklungsverluste), die die Genauigkeit der mechanischen Struktur negativ beeinflussen könnten. Im Gegenteil ist sogar eine aktive Kühlung der Strukturen durch den Luftstrom denkbar.

- Der Antrieb ist prädestiniert für den Einsatz unter Einfluss von Medien wie Wasser oder Öl, da keine aufwändigen Isolatinsmaßnahmen erforderlich sind. Auch der Betrieb unter Flüssigkeit, also im „getauchten" Zustand und die Nutzung einer Flüssigkeit als Antriebsmedium sind denkbar.

Der vorgestellte Aufbau hat zusätzlich den Vorteil, dass Schleppkräfte durch pneumatische oder elektrische Anschlüsse am Tisch völlig vermieden werden. Diese könnten andernfalls in der gleichen Größenordnung liegen wie die erzeugten Vorschubkräfte und damit die Funktionsfähigkeit des Antriebs beeinträchtigen [DENK13a], [DENK13b].

Der Demonstrator des Antriebs kann bei einem Volumenstrom von 170l/min bei 6bar Kräfte von 1N in Vorschubrichtung aufbringen [DENK13a]. Damit stehen zwar theoretisch ausreichend hohe Vorschubkräfte für Verfahren der Mikrobearbeitung zur Verfügung, praktische Versuche zur Mikrofräsbearbeitung (Bild 2.16) zeigten jedoch, dass die erzielte Konturtreue den Anforderungen einer Präzisionsbearbeitung noch nicht genügt. Die Ursache dafür kann in erster Linie in einer zu geringen dynamischen Steifigkeit des Systems vermutet werden. Da die dynamische Steifigkeit maßgeblich von der Dynamik der Regelung abhängt, spielen Faktoren wie der Totzeitanteil der Ventile, ihre Druckanstiegsgeschwindigkeit sowie die Druckausbreitungsgeschwindigkeit in den Leitungen eine Rolle. Neben der dynamischen Steifigkeit können aber auch Festkörperreibung in der Führung (z.B. fertigungsbedingter Grat), Freistrahlturbulenzen der Antriebsdüsen oder das Erreichen der maximalen Vorschubkraft die Konturtreue negativ beeinflussen.

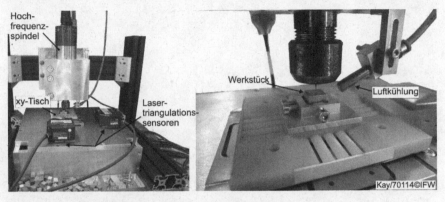

Bild 2.16: Versuchsaufbau für Mikrofräsversuche vgl. [DENK13a]

3 Zielsetzung und Motivation

Wie bereits in Kapitel 2.4 beschrieben, kann der fluiddynamische Mehrkoordinaten-antrieb in zwei Bewegungsrichtungen (x und y) frei positioniert werden. Da der Antrieb über keinerlei mechanische Führungselemente verfügt, wird die Drehung des Tisches um die z-Achse regelungstechnisch durch die Einleitung von Momenten über die Antriebselemente gesperrt. Es konnte gezeigt werden, dass der vorhandene Prototyp bei Mittelstellung des Tisches bereits geregelte Drehbewegungen um die z-Achse ermöglicht. Diese sind jedoch auf maximal ±15° begrenzt, da es bei größeren Winkeln zu ungünstigen Überdeckungsverhältnissen von Profilflanken und Antriebsdüsen kommt. Das zentrale Ziel dieser Arbeit ist nun die Entwicklung einer Profil- und Düsenanordnung, die diese Begrenzung aufhebt und damit den bestehenden Antrieb um einen vollwertigen Rotationsfreiheitsgrad erweitert. Ein solcher Planarantrieb, dessen Läufer in jeder Position des Verfahrbereichs unbeschränkte Drehfreiheit erlaubt, ermöglicht eine weitere Steigerung der funktionellen Integrationsdichte. Auf diese Weise wird ein wesentlicher Ansatz, den das SPP 1476 zur Reduzierung der Baugröße von Werkzeugmaschinen vorsieht, konsequent weiter verfolgt.

Weitere Ziele bestehen in der Optimierung der neuen Profilanordnung hinsichtlich

- maximaler Antriebskräfte und Momente,
- minimalem Bauraum und
- minimaler Düsenzahl.

Dabei soll der grundlegende Aufbau des Antriebs und das Wirkprinzip zur Krafterzeugung jedoch beibehalten werden. Das erste Optimierungskriterium ergibt sich direkt aus den Eigenschaften des bestehenden Demonstrators und dessen relativ geringen Vorschubkräften. Die beiden folgenden Kriterien resultieren aus dem erklärten Ziel des SPP 1476 und aus Überlegungen zur Kosten- bzw. Komplexitätsreduzierung.

Als abschließendes Ergebnis dieser Arbeit wird die Ausarbeitung einer konstruktiv umsetzbaren Profilanordnung angestrebt, die später in einem neuen Demonstrator eingesetzt werden kann.

4 Festlegung der Bereiche zur Profilanordnung

Die Teilfunktionen des Antriebs, für deren Integration räumliche Bereiche am Tisch vorgesehen werden müssen, sind die Krafterzeugung, die Führung und das Spannen von Werkstücken. Für einen xyφ-Antrieb der gewünschten Bauweise ergeben sich besonders große Flächenbedarfe und zwei generelle Möglichkeiten, die Funktionsbereiche anzuordnen. Diese werden im Folgenden diskutiert.

Zur Eingrenzung der Lösungsmöglichkeiten wurde in Absprache mit dem Betreuer als Randbedingung festgelegt, dass die ebene Ausdehnung des Tisches einen Umkreis vom Durchmesser 120mm nicht überschreiten darf. Als Mindestanforderung an die erforderlichen Stellwege wurde der quadratische Arbeitsraum des Demonstrators von 15 x 15mm² festgelegt.

4.1 Geometrische Gestalt der Funktionsbereiche und des Arbeitsraums

Der große Flächenbedarf für Profile und Führungsflächen ist der Tatsache geschuldet, dass diese stets die zugehörigen gestellfesten Antriebs- und Führungskomponenten überdecken müssen, um ein Zusammenwirken zu gewährleisten. Um dieser Bedingung in jeder Tischposition (x,y) für jede beliebige Orientierung des Tisches (φ) zu genügen, ist eine Anordnung in geschlossenen, konzentrischen Kreisringen um den Tisch-Mittelpunkt (Bild 4.1) obligatorisch.

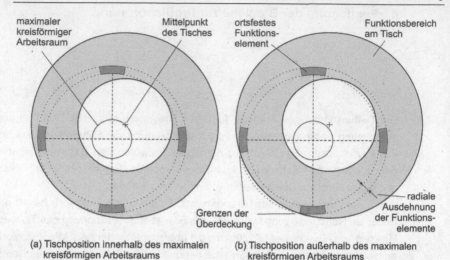

(a) Tischposition innerhalb des maximalen   (b) Tischposition außerhalb des maximalen
    kreisförmigen Arbeitsraums   kreisförmigen Arbeitsraums

Bild 4.1: Geometrische Betrachtung zur Form des Arbeitsraums

Aus einem solchen ringförmigen Funktionsbereich und der Überdeckungsforderung
kann durch einfache geometrische Überlegungen ein maximaler kreisförmiger Arbeitsraum abgeleitet werden, dessen Durchmesser durch die Breite des Ringbe-
reichs abzüglich der radialen Ausdehnung des ortsfesten Wirkelements (z.B. Düsenpaket) gegeben ist (Bild 4.1 (a)). Abhängig von der Form und Größe der ortsfesten
Elemente ist darüber hinaus eine geringe Erweiterung des Arbeitsraums in die dia-
gonalen Richtungen möglich (Bild 4.1 (b)). Diese soll hier jedoch nicht berücksichtigt
werden.

4.2 Größe und Anordnung der Funktionsbereiche

Zur quantitativen Abschätzung der Größe der Funktionsbereiche wird von einem maximalen kreisförmigen Arbeitsraum ausgegangen, der einen Durchmesser von 22mm
hat und damit den geforderten quadratischen Arbeitsraum von 15x15mm^2 beinhaltet
(siehe Bild 4.2 (e)). Wird weiterhin eine radiale Ausdehnung der Elemente am Gestell
von 2mm für die Antriebsdüsen und 5mm für die Führungen angenommen, so ergeben sich für die Breiten der beiden Ringbereiche 24 bzw. 27mm. Ausgehend von
dem maximalen Außendurchmesser des Tisches von 120mm können daraus zwei
mögliche Varianten abgeleitet werden, die in Bild 4.2 (b) und (c) im direkten Größen-
vergleich zum vorhandenen Demonstrator (Bild 4.2 (a)) dargestellt sind.

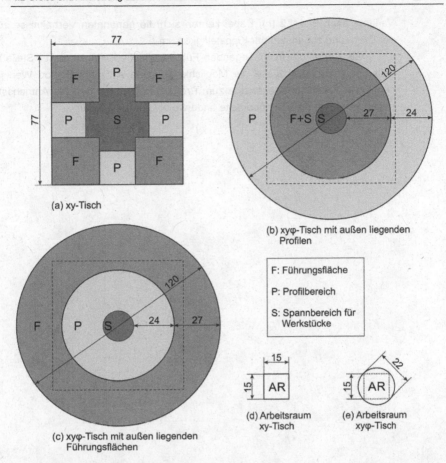

(a) xy-Tisch

(b) xyφ-Tisch mit außen liegenden
   Profilen

F: Führungsfläche

P: Profilbereich

S: Spannbereich für
   Werkstücke

(d) Arbeitsraum
   xy-Tisch

(e) Arbeitsraum
   xyφ-Tisch

(c) xyφ-Tisch mit außen liegenden
   Führungsflächen

Bild 4.2: Funktionsbereiche am Tisch

Während die rechteckigen Funktionsbereiche des xy-Antriebs abwechselnd symmetrisch und in ähnlichen Abständen um den Mittelpunkt des Tisches angeordnet werden konnten, müssen die Funktionen nun auf einem äußeren und einem inneren Ring realisiert werden. Dies führt dazu, dass die Antriebskräfte bei außen liegenden Profilen (Bild 4.2 (b)) große Hebelarme bzgl. des Tischmittelpunktes haben und damit große Antriebsmomente bzw. große Drehsteifigkeiten um die z-Achse ermöglichen. Im Gegenzug sind die Hebelarme der - auf dem inneren Ring angreifenden - Führungskräfte in z-Richtung umso geringer, was zu Einbußen in der Kippsteifigkeit des Tisches führen kann. Wird die Anordnung getauscht, so ergibt sich die zweite

Variante nach Bild 4.2 (c). Dabei kehren sich die genannten Verhältnisse zulasten der Dreh- und zugunsten der Kippsteifigkeit um.

Als Vorteil der innen liegenden Führungsfläche kann an dieser Stelle festgehalten werden, dass diese die Möglichkeiten zum Aufspannen von Werkstücken deutlich erweitert. Im Gegensatz zum Profilbereich, durch den die Antriebsstrahlen treten, kann hier die Tischoberseite anderweitig genutzt werden.

5 Geometrische Anordnung der Antriebsprofile und Düsen

Im vorigen Kapitel wurde der Bereich des Tisches festgelegt, der mit Antriebsprofilen versehen werden muss, um den geforderten Arbeitsraum - bei vollständiger Bewegungsfreiheit in x,y und φ - abdecken zu können. Das Ziel der folgenden Abschnitte besteht nun darin, diese Profile sowie die dazugehörigen Antriebsdüsen derart anzuordnen, dass in jeder Lage des Tisches alle erforderlichen Kräfte und Momente zu dessen Positionierung erzeugt werden können.

Nach der Festlegung der grundlegenden Anordnungsweise für die Profile und Düsen wird diese zunächst in ein geometrisches Modell überführt, das anhand weniger Parameter beschrieben werden kann. Anschließend werden Bedingungen formuliert, die Forderungen an die Überdeckung einzelner Düsen mit einzelnen Profilflanken stellen und geeignet sind, Totlagen für eine betrachtete Düsengruppe zu vermeiden. Ein Matlab-Programm, welches diese Bedingungen für verschiedene Parameterkombinationen des geometrischen Modells automatisch überprüft, ermöglicht ein schnelles Auffinden der gesuchten Geometrien.

5.1 Geometrisches Modell

Am Tisch des xy-Antriebs sind alle Dreiecksprofile innerhalb eines Profilbereichs parallel ausgerichtet, weshalb alle Kräfte, die durch ein Antriebselement erzeugt werden, auch stets auf derselben Wirklinie liegen. In Bild 5.1 ist diese Profilkonfiguration noch einmal in einer Form dargestellt, die auch in den folgenden Abschnitten wiederholt Verwendung findet. Dabei werden die einander entgegengesetzt geneigten Dreiecksflanken als positive bzw. negative Flanken gekennzeichnet (+,- bzw. grün, rot) und ihre Projektionen auf die Antriebsebene abgebildet.

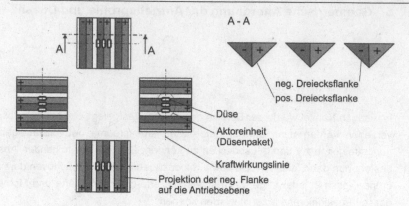

Bild 5.1: Profilanordnung des xy-Antriebs

Für die Anwendung in dem geplanten xyφ-Antrieb scheinen Gruppierungen paralleler Dreiecksprofile jedoch nicht geeignet, da Winkelunterschiede an ihren Übergängen mit dem Prinzip der Düsen-Kommutierung nicht problemlos zu überwinden wären. Eine radiale Ausrichtung der Profile mit konstanter Winkelteilung ermöglicht dagegen den kontinuierlichen Übergang der kommutierenden Düsengruppen von einer Dreiecksflanke zur nächsten und scheint daher der richtige Ansatz zu sein.

Bild 5.2 zeigt das verwendete geometrische Modell der Profil- und Düsenanordnung, dessen wesentliche Merkmale im Folgenden aufgeführt sind:

- Die Dreiecksprofile mit 45° Flankenwinkel werden beibehalten.
- Die Spaltbreite zwischen den Profilen wird trotz der radialen Anordnung konstant gehalten, da der Spalt großen Einfluss auf die Strömungsbedingungen sowie die Kraftüberlagerung bei der Kommutierung hat (vgl. 2.4.2.3).
- Es kommen kreisförmige Düsen zum Einsatz, die in vier Gruppen auf dem sogenannten Düsenkreis angeordnet sind. Der Düsenkreisradius r_D entspricht dem mittleren Profilradius ($r_D = \frac{r_a + r_i}{2}$).
- Eine Profilanordnung wird über die vier Parameter Profilinnenradius r_i, Profilaußenradius r_a, Profilteilung T_P und die Spaltbreite s eindeutig beschrieben.
- Eine Düsenanordnung wird über den Durchmesser des Düsenaustrittsquerschnitts d_D, die Düsenteilung T_D, den Düsenkreisradius r_D sowie die Düsenanzahl je Gruppe eindeutig bestimmt.

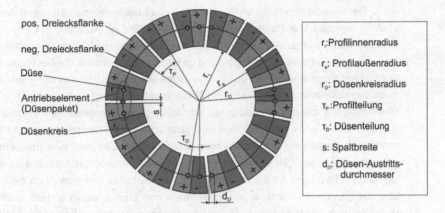

pos. Dreiecksflanke

neg. Dreiecksflanke

Düse

Antriebselement
(Düsenpaket)

Düsenkreis

r_i: Profilinnenradius

r_a: Profilaußenradius

r_0: Düsenkreisradius

T_P: Profilteilung

T_D: Düsenteilung

s: Spaltbreite

d_D: Düsen-Austritts-
durchmesser

Bild 5.2: Geometrisches Modell zur Profil- und Düsenanordnung

5.2 Forderungen an die Düsenanordnung

Das unter 5.1 beschriebene Modell legt die grundlegende Geometrie sowohl für die Profil- als auch für die Düsenanordnung in einer allgemeinen Form fest. Nun muss einer konkreten Parameterkombination für die Profilanordnung eine Düsenanordnung zugeordnet werden, die ein Zusammenwirken ermöglicht. Da der Düsendurchmesser durch die strömungsmechanische Auslegung vorbestimmt wird und der Düsenkreis-radius direkt aus der Profilanordnung resultiert, verbleiben als freie Parameter nur die Düsenzahl und die Düsenteilung (vgl. Abschnitt 5.1). Die Beziehung dieser beiden Größen zu den Profilparametern muss aus der Überdeckung der Düsen mit den Pro-filflanken abgeleitet werden. Die zugrunde liegenden Überlegungen werden im Fol-genden genauer ausgeführt.

5.2.1 Ansatz

Um die Positionierbarkeit des Tisches in x, y und φ bei hohen Vorschubkräften im gesamten Stellbereich des Antriebs zu gewährleisten, muss sichergestellt werden, dass jedes der vier Antriebselemente stets Kräfte in zwei entgegengesetzte Richtun-gen einleiten kann. Diese Forderung ist dann erfüllt, wenn an jeder Düsengruppe und in jeder Läuferposition wenigstens eine positive und eine negative Flanke bestrahlt werden können.

Die Vorschubkräfte einer Düse-Profil-Kombination nehmen ab, wenn der Freistrahl in unmittelbarer Randnähe auf die Flanke trifft (vgl. Abschnitt 6.1.1.1). Dieser Effekt verstärkt sich zusätzlich, wenn der Strahl die Flanke nicht mehr in vollem Umfang erreicht. Es muss daher ergänzend gefordert werden, dass die Bestrahlung beider Flächentypen wenigstens durch eine Düse im inneren Bereich der Flanke oder durch zwei Düsen in den schwächeren Randbereichen erfolgt.

Übertragen auf die zweidimensionale Darstellung des geometrischen Modells (Bild 5.2) können die genannten Forderungen zwar anhand der Überdeckung der Düsenquerschnittsflächen mit den Profilflanken veranschaulicht werden, eine Ermittlung der gesuchten Parameter ist auf diese Weise jedoch nicht möglich. Das Ziel ist daher, logische Bedingungen für die Düsenteilung T_D aufzustellen, die zum einen die Einhaltung der genannten Forderungen garantieren und zum anderen einfach mathematisch überprüft werden können. Diese Bedingungen werden im Folgenden als Überdeckungsbedingungen bezeichnet.

Im nächsten Abschnitt werden zunächst vereinfachte Überdeckungsbedingungen aufgestellt, die ausschließlich für Drehbewegungen in der Mittelstellung des Tisches gelten. In einem zweiten Schritt werden diese Bedingungen dann auf den allgemeinen Fall erweitert, der auch die Translation des Tisches innerhalb des Arbeitsraums berücksichtigt.

5.2.2 Überdeckungsbedingungen für Drehbewegungen in Mittelstellung des Läufers

Werden die Bewegungsfreiheitsgrade des Tisches in seiner Mittelstellung ausschließlich auf die Drehung φ um die z-Achse beschränkt, so vereinfachen sich die Zusammenhänge erheblich, da an jedem Punkt des Düsenkreises nun identische Teilungsverhältnisse der Profile vorliegen. Darüber hinaus können die betrachteten Drehbewegungen und Winkel am Umfang des Düsenkreises als tangentiale Bewegungen und Längen dargestellt werden. Durch diese Betrachtungsweise ergeben sich Verhältnisse, die analog zu der parallelen Profilanordnung des xy-Antriebs aus Abschnitt 2.4.2.1 dargestellt und untersucht werden können.

Alle in Abschnitt 5.2.1 genannten Forderungen an die Überdeckung der Düsen und Profile lassen sich in diesem vereinfachten Fall in zwei Ungleichungen für die Düsenteilung T_D zusammenfassen. Die Formulierung dieser Ungleichungen lässt sich anhand von zwei konstruierten Grenzfällen ableiten.

5.2.2.1 Erste Überdeckungsbedingung

Der Grenzfall zur Ableitung der ersten Überdeckungsbedingung ist in Bild 5.3 darge-stellt. Im linken Teil des Bildes ist die Gesamtheit der Düsen und Profile als ebene Projektion zu sehen, der rechte Teil stellt die Verhältnisse am Düsenkreis in der oben beschriebenen Weise dar.

Die eingezeichneten Winkel δ, δ_S und δ_D sind Zentriwinkel um den Ursprung des ruhenden Bezugssystems und werden als Flankenzentriwinkel, Spaltzentriwinkel und Düsenzentriwinkel bezeichnet. Sie entsprechen den Bogenlängen am Düsen-kreis, die eine Profilflanke, einen Spalt bzw. eine Düse überspannen, bezogen auf den Radius des Düsenkreises. Durch diese Normierung kann die Überdeckung von Profil- und Düsengeometrie vollständig durch Winkel im ortsfesten Bezugssystem beschrieben werden.

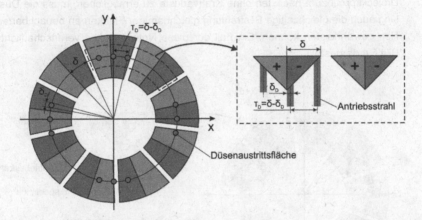

Bild 5.3: Grenzfall zur Ableitung der ersten Überdeckungsbedingung

Es wird nun ausschließlich das Antriebselement betrachtet, welches auf der positiven y-Achse angeordnet ist. An der negativen Profilflanke tritt in dieser Stellung genau der Fall ein, dass zwei Düsen gleichzeitig auf die „schwachen" Randbereiche gerich-tet sind. Stellt man sich nun eine Drehbewegung des Tisches in die eine oder andere Richtung vor, so „verlässt" eine der Düsen die Flanke über den Rand und die andere „wandert" gleichzeitig in den „starken" inneren Bereich. Dieses Verhalten entspricht genau den gestellten Forderungen und gewährleistet die Erzeugung der beiden ge-wünschten Kraftrichtungen.

Eine größere Düsenteilung würde im gleichen Fall nun dazu führen, dass die negative Flanke durch zwei Düsen bestrahlt werden muss, deren Impulsstrom nicht in vollem Umfang auf die Fläche trifft, wodurch dann geringere Kräfte und eine geringere Effizienz in Bezug auf den Luftverbrauch resultieren. Um diese Situation zu vermeiden, muss die Düsenteilung τ_D entsprechend der folgenden Bedingung nach oben begrenzt werden:

$$\tau_D < \delta - \delta_D \qquad (5.1)$$

5.2.2.2 Zweite Überdeckungsbedingung

Um - über den Spalt hinweg - den Übergang eines Antriebselements von einem Dreiecksprofil zum nächsten ohne Kraftverluste zu ermöglichen, muss die Düsenteilung auch die gleichzeitige Bestrahlung gleichnamiger Flanken an benachbarten Profilen gewährleisten können. Ein Fall der diese Notwendigkeit veranschaulicht ist in Bild 5.4 dargestellt.

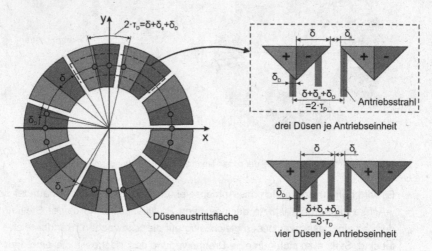

Bild 5.4: Grenzfall zur Ableitung der zweiten Überdeckungsbedingung

Analog zu den Überlegungen in Abschnitt 5.2.2.1 kann festgestellt werden, dass in diesem Fall eine Verringerung der Düsenteilung zu einer unvollständigen Überdeckung führen würde. Der Winkelbereich, den die gesamte Düsengruppe am Düsenkreis überspannt, wäre dann zu klein, um die beiden positiven Flanken mit zwei vollen Strahlquerschnitten zu treffen.

Um auch diese Situation zu vermeiden, wird die Profilteilung τ_D durch die zweite Überdeckungsbedingung nach unten begrenzt. Wie aus Bild 5.4 ersichtlich ist, muss die Bedingung für unterschiedliche Düsenzahlen jedoch abweichend formuliert werden. Für drei, vier oder fünf Düsen je Düsengruppe lautet sie:

$$\tau_{D,3\text{Düsen}} > \frac{\delta + \delta_s + \delta_D}{2} \qquad (5.2)$$

$$\tau_{D,4\text{Düsen}} > \frac{\delta + \delta_s + \delta_D}{3} \qquad (5.3)$$

$$\tau_{D,5\text{Düsen}} > \frac{\delta + \delta_s + \delta_D}{4} \qquad (5.4)$$

5.2.2.3 Lösungsintervall für die Düsenteilung

Werden die erste und die zweite Überdeckungsbedingung kombiniert, so kann für jede Düsenanzahl ein Intervall angegeben werden, in dem alle geeigneten Düsenteilungen liegen:

$$\frac{\delta + \delta_s + \delta_D}{2} < \tau_{D,3\text{Düsen}} < \delta - \delta_D \qquad (5.5)$$

$$\frac{\delta + \delta_s + \delta_D}{3} < \tau_{D,4\text{Düsen}} < \delta - \delta_D \qquad (5.6)$$

$$\frac{\delta + \delta_s + \delta_D}{4} < \tau_{D,5\text{Düsen}} < \delta - \delta_D \qquad (5.7)$$

Die Grenzen dieser Intervalle können aus den Parametern einer konkreten Profilanordnung berechnet werden. Führt eine der Ungleichungen auf eine falsche Aussage, so entspricht das Intervall einer leeren Menge und es existiert für die betrachtete Profilanordnung keine Düsenanordnung mit der gewünschten Düsenanzahl.

Die obere Grenze des Intervalls ist für jede Düsenanzahl identisch, die untere Grenze wird mit steigender Düsenzahl immer kleiner.

5.2.3 Erweiterung der Überdeckungsbedingungen auf den allgemeinen Fall

Wird die Sperrung der translatorischen Bewegungsmöglichkeiten des Tisches aufgehoben, so sind die aufgestellten Überdeckungsbedingungen in ihrer bisherigen Form nicht mehr anwendbar. Bild 5.5 zeigt, dass die zuvor konstanten Zentriwinkel δ und δ_s nun entlang des Düsenkreises variieren. Dabei ist ihre Größe sowohl von den Parametern der Profilanordnung als auch von der Position des Tischmittelpunkts M_T im ortsfesten Bezugssystem abhängig. Diese Abhängigkeiten haben zur Folge, dass die Grenzen für geeignete Düsenteilungen aus den vorhandenen Ungleichungen nicht mehr eindeutig bestimmt werden können.

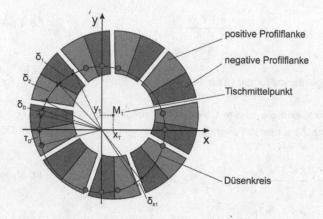

Bild 5.5: Überdeckung bei freier Positionierung des Tisches

Um trotz der variablen Profil- und Spaltgrößen am Düsenkreis zu einer allgemein gültigen Bedingung für die Düsenteilung zu gelangen, werden die folgenden Überlegungen angestellt:

a) Da die Profilanordnung beliebig um die z-Achse drehbar ist und der Arbeitsraum kreisförmig und damit rotationssymmetrisch ist, können sämtliche möglichen Flankenzentriwinkel δ_i und Spaltzentriwinkel $\delta_{s,i}$ auch an jeder Stelle des Düsenkreises und damit an jedem Antriebselement auftreten.

b) Wegen a) muss eine allgemein gültige Bedingung für die Düsenteilung T_D sicherstellen, dass diese mit allen δ_i und $\delta_{s,i}$ kompatibel ist.

c) Eine Düsenteilung ist genau dann mit allen Winkeln δ_i und $\delta_{s,i}$ kompatibel, wenn sie mit der ungünstigsten Kombination aus beiden kompatibel ist.

Die bestehenden Ungleichungen (vgl. Abschnitt 5.2.2.3) können also in eine allgemeingültige Form überführt werden, indem die Extremwerte von δ und δs in folgender Weise eingesetzt werden:

$$\frac{\delta_{max} + \delta_{s,max} + \delta_D}{2} < \tau_{D,3\text{Düsen}} < \delta_{min} - \delta_D \qquad (5.8)$$

$$\frac{\delta_{max} + \delta_{s,max} + \delta_D}{3} < \tau_{D,4\text{Düsen}} < \delta_{min} - \delta_D \qquad (5.9)$$

$$\frac{\delta_{max} + \delta_{s,max} + \delta_D}{4} < \tau_{D,5\text{Düsen}} < \delta_{min} - \delta_D \qquad (5.10)$$

5.3 Ermittlung der geometrischen Größen

Im Folgenden wird beschrieben, wie die Winkel δ, δs und δD, die zur Auswertung der Ungleichungen (5.8) - (5.10) erforderlich sind, ermittelt werden. Anschließend wird ein Matlab-Skript vorgestellt, das die benötigten Extremwerte dieser Größen berechnet und für die jeweilige Profilanordnung automatisch Düsenteilungen bestimmt.

5.3.1 Bestimmung des Flankenzentriwinkels δ

Bild 5.6 stellt die geometrischen Abhängigkeiten des Flankenzentrwinkels δ an einer einzelnen Profilflanke detailliert dar und bezeichnet die zur Erläuterung notwendigen Punkte, Winkel und Längen.

Für die weitere Betrachtung wird vorausgesetzt, dass die untere Begrenzung der Profilflanke immer in der dargestellten Weise durch den ortsfesten Punkt P_1 verläuft und zwar unabhängig von der Lage des Tischmittelpunktes. Wird der Tischmittelpunkt innerhalb des Arbeitsraums bewegt, so verschiebt sich allerdings der Schnittpunkt (P_2) der oberen Flankengrenze mit dem Düsenkreis. Durch diese Betrachtungsweise liegt der gesuchte Winkel δ immer zwischen der y-Achse und der Strecke $\overline{OP_2}$ und ist neben den Variablen x_T und y_T nur von den konstanten Parametern s, r_D, und α der Profilanordnung abhängig. Der Winkel α entspricht dabei der halben Profilteilung τ_P.

Aufgrund der Rotationssymmetrie des kreisförmigen Arbeitsraums schränkt die Fixierung der Flanke in P_1 den Winkel δ nicht ein. Er kann somit alle Werte annehmen, die im realen Betrieb möglich sind.

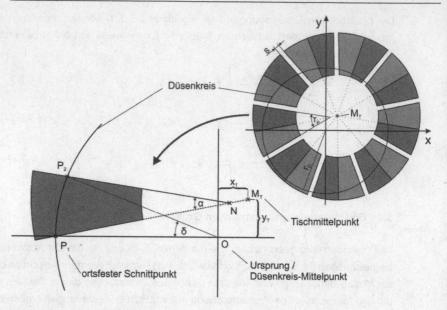

Bild 5.6: Betrachtung einer einzelnen Profilflanke

5.3.1.1 Bestimmung des Flankenzentriwinkels δ in Abhängigkeit von xN und yN

Der Schnittpunkt der verlängerten Profilränder wird mit N bezeichnet. Im Folgenden werden alle geometrischen Beziehungen zur Bestimmung von δ zunächst in Abhängigkeit von der Position des Punktes N (Koordinaten x_N, y_N) aufgestellt. Anschließend werden die Transformationsgleichungen zur Überführung in die Mittelpunktkoordinaten des Tisches (x_T, y_T) angegeben. Die Grundlage für dieses Vorgehen bildet die geometrische Darstellung in Bild 5.7. Zur Steigerung der Übersichtlichkeit wurden hier unrealistische Größenverhältnisse in Kauf genommen.

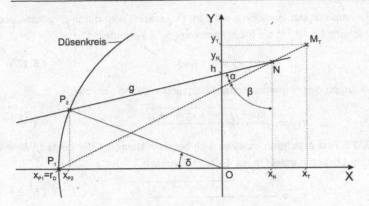

Bild 5.7: Geometrische Beziehungen zur Ermittlung des Flankenzentriwinkels δ

Ist die x-Koordinate des Punktes P_2 bekannt, so kann der gesuchte Winkel δ über die folgende Winkelbeziehung berechnet werden:

$$x_{P2} = -r_D \cdot \cos\delta \quad \leftrightarrow \quad \delta = \arccos\left(-\frac{x_{P2}}{r_D}\right) \qquad (5.11)$$

Um die darin geforderte Koordinate x_{P2} zu erhalten, muss der Schnittpunkt der Geraden g mit dem Düsenkreis berechnet werden. Der Düsenkreis wird durch die Kreisgleichung

$$x^2 + y^2 = r_D^2 \qquad (5.12)$$

vollständig beschrieben. Die Geradengleichung für g hat die allgemeine Form:

$$g(x) = mx + h \qquad (5.13)$$

Ihre Steigung m und ihr y-Achsenabschnitt h sind durch die beiden folgenden Ausdrücke gegeben:

$$m = \cot(\alpha + \beta) \qquad (5.14)$$

$$\tan(\alpha + \beta) = \frac{x_N}{y_N - h} \quad \leftrightarrow \quad h = y_N - \frac{x_N}{\tan(\alpha + \beta)} \qquad (5.15)$$

Den darin enthaltenen, noch unbekannten Winkel β erhält man aus:

$$\beta = \arccos\left(\frac{y_N}{\overline{NP_1}}\right) = \arccos\left(\frac{y_N}{\sqrt{(r_D + x_N)^2 + y_N^2}}\right) \qquad (5.16)$$

Der Schnittpunkt der Geraden g mit dem Düsenkreis wird durch Einsetzen der Geradengleichung (5.13) in die Kreisgleichung (5.12) ermittelt:

$$x^2 + (mx + h)^2 = r_D^2 \qquad (5.17)$$

Die Lösungen dieser quadratischen Gleichung ergeben sich zu:

$$x_{1,2} = -\frac{mh \pm \sqrt{-h^2 + r_D^2 m^2 + r_D^2}}{m^2 + 1} \qquad (5.18)$$

Aus Bild 5.7 ist ersichtlich, dass es sich bei dem kleineren der beiden Werte um die gesuchte Lösung handeln muss. Es folgt demnach:

$$x_{P2} = -\frac{mh + \sqrt{-h^2 + r_D^2 m^2 + r_D^2}}{m^2 + 1} \qquad (5.19)$$

5.3.1.2 Transformationsgleichungen

Der geometrische Zusammenhang zwischen den Koordinaten x_N und y_N des Punktes N und den Koordinaten x_T und y_T des Tischmittelpunktes M_T kann aus Bild 5.8 abgeleitet werden. In dieser Abbildung ist eine weitere Profilflanke dargestellt, um die Lage des Spaltes deutlich zu machen. Die beiden farblich hervorgehobenen Dreiecke, deren Winkelbeziehungen genutzt werden, sind im rechten Teil des Bildes noch einmal vergrößert dargestellt. Als neue Größen werden der Winkel γ und der Abstand d zwischen N und M_T eingeführt.

Der Winkel γ kann in Abhängigkeit von x_T und y_T angegeben werden:

$$\gamma = arcsin\left(\frac{y_T}{P_1 M_T}\right) = arcsin\left(\frac{y_T}{\sqrt{(r_D + x_T)^2 + y_T^2}}\right) \qquad (5.20)$$

Der Abstand d ergibt sich aus dem hervorgehobenen Dreieck (a) über die Beziehung:

$$d = \frac{s}{2 \cdot \sin \alpha} \qquad (5.21)$$

Um nun die Koordinaten x_N und y_N durch die Mittelpunktskoordinaten x_T und y_T auszudrücken, werden anhand von Dreieck (b) die folgenden beiden Transformationsgleichungen aufgestellt:

$$y_T - y_N = d \cdot \sin\gamma \longleftrightarrow y_N = y_T - d \cdot \sin\gamma \qquad (5.22)$$

$$x_T - x_N = d \cdot \cos\gamma \longleftrightarrow x_N = x_T - d \cdot \cos\gamma \qquad (5.23)$$

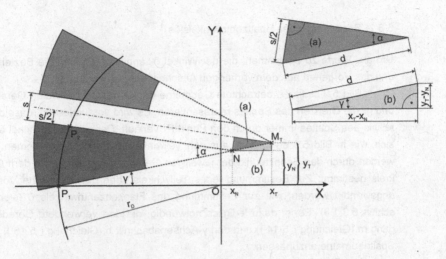

Bild 5.8: Koordinatentransformation

5.3.1.3 Einsetzen aller Beziehungen

Um einen geschlossenen Ausdruck für δ zu erhalten, müssen die aufgestellten Beziehungen wie folgt in einander eingesetzt werden:

1. Der Ausdruck für den Winkel β (5.16) wird in die Geradensteigung m (5.14) und in den y-Achsenabschnitt h (5.15) eingesetzt.
2. Die Ausdrücke für m (5.14) und h (5.15) werden dann in den Term für x_{P2} (5.19) eingesetzt.
3. Durch Einsetzen von x_{P2} (5.19) in (5.11) kann schließlich der Winkel δ vollständig angegeben werden.
4. Um den Winkel δ in Abhängigkeit von den Koordinaten des Tischmittelpunkts zu erhalten, müssen in dem gesamten Term die Koordinaten x_N und y_N durch die Koordinatentransformationen nach (5.22) bzw. (5.23) ersetzt werden.

Aufgrund der Größe des entstehenden Terms und um Fehler zu vermeiden, wird das Einsetzen mit Hilfe der „Symbolic Math Toolbox" durch die Software MATLAB durch-

geführt. Der Quellcode für diese Aufgabe wurde in das Skript zur Auswertung integriert, das in Abschnitt 5.4.1 beschrieben wird.

5.3.2 Bestimmung des Spaltzentriwinkels δ_s

Um alle Werte zu bestimmen, die der Winkel δ_s annimmt, können die Beziehungen
und das Vorgehen aus dem vorherigen Abschnitt genutzt werden.

Bild 5.9 stellt die betrachtete Geometrie dar, in der die parallelen Geraden g_1
und g_2 die Grenzen des Spaltes repräsentieren. Es wird vorausgesetzt, dass die Mit-
tellinie des Spaltes immer durch den Punkt P_1 verläuft. Der gesuchte Winkel δ_s setzt
sich, wie in Bild 5.9 dargestellt, aus den Teilwinkeln δ_{s1} und δ_{s2} zusammen. Diese
werden durch den Schnittpunkt der jeweiligen Geraden (g_1 bzw. g_2) mit dem Düsenkreis bestimmt. Zur Bestimmung jedes Teilwinkels kann das identische Vorgehen
angewendet werden, wie zur Bestimmung des Flankenzentriwinkels δ (siehe Abschnitt 5.3.1.3). Es ist dazu lediglich notwendig, die dort verwendete Geradensteigung m (Gleichung (5.14)) und den y-Achsenabschnitt h (Gleichung (5.15)) an die
Spaltgeometrie anzupassen.

Im Folgenden werden die benötigte Geradensteigung m_1 sowie die y-
Achsenabschnitte h_1 und h_2 für die beiden Geraden g_1 und g_2 aufgestellt.

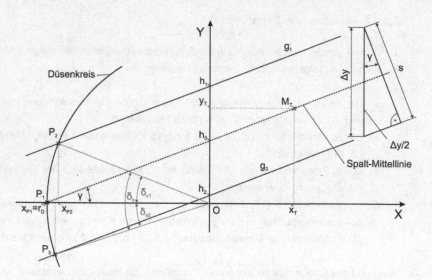

Bild 5.9: Geometrische Beziehungen zur Ermittlung des Spaltzentriwinkels δ_s

Die Steigung m_1, die aufgrund der Parallelität für beide Geraden gilt, kann direkt angegeben werden:

$$m_1 = \frac{y_T}{r_D + x_T}$$ (5.24)

Um die y-Achsenabschnitte der Geraden zu erhalten sind jedoch noch zwei Zwischenschritte erforderlich. Der vertikale Abstand Δy der beiden Geraden wird als Seitenlänge des eingezeichneten Dreiecks aus dem Winkel γ (nach Gleichung (5.20)) und der Spaltbreite s berechnet:

$$\Delta y = \frac{s}{\cos \gamma}$$ (5.25)

Der Schnittpunkt der Spalt-Mittellinie mit der y-Achse lässt sich mit Hilfe des zweiten Strahlensatzes ermitteln:

$$\frac{h_0}{r_D} = \frac{y_T}{r_D + x_T} \longleftrightarrow h_0 = \frac{r_D \cdot y_T}{r_D + x_T}$$ (5.26)

Mit diesen beiden Größen können nun die gesuchten y-Achsenabschnitte angeben werden:

$$h_1 = h_0 + \frac{\Delta y}{2} = \frac{r_D \cdot y_T}{r_D + x_T} + \frac{s}{2 \cos \gamma}$$ (5.27)

$$h_2 = h_0 - \frac{\Delta y}{2} = \frac{r_D \cdot y_T}{r_D + x_T} - \frac{s}{2 \cos \gamma}$$ (5.28)

5.3.3 Bestimmung des Düsenzentriwinkels δ_D

Da die Düsen ortsfest auf dem Düsenkreis angeordnet sind, ist der Düsenzentriwinkel δ_D nicht von der Tischposition abhängig. Er wird vom Düsendurchmesser d_D und dem Düsenkreisradius r_D bestimmt.

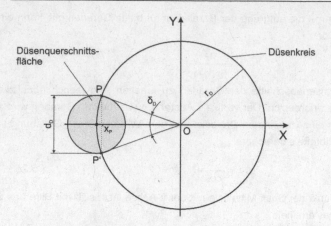

Bild 5.10: Geometrische Beziehungen zur Ermittlung des Düsenzentriwinkels δ_D

In Bild 5.10 ist zu erkennen, dass der Winkel δ_D direkt von der Lage der Schnittpunkte (P und P') des Düsenumfangs mit dem Düsenkreis abhängt. Er kann wie folgt aus der gemeinsamen x-Koordinate (x_P) beider Punkte bestimmt werden:

$$x_P = -r_D \cdot \cos\left(\frac{\delta_D}{2}\right) \quad \leftrightarrow \quad \delta_D = 2 \cdot \arccos\left(-\frac{x_P}{r_D}\right) \qquad (\,5.29\,)$$

Um x_P zu erhalten, wird zunächst die Kreisgleichung des Düsenumfangs aufgestellt:

$$(x + r_D)^2 + y^2 = \frac{d_D^2}{4} \qquad (\,5.30\,)$$

Die Kreisgleichung des Düsenkreises wird wie folgt umgestellt und anschließend in Gleichung (5.30) eingesetzt.

$$x^2 + y^2 = r_D^2 \quad \leftrightarrow \quad y^2 = r_D^2 - x^2 \qquad (\,5.31\,)$$

Die resultierende quadratische Gleichung lautet:

$$(x + r_D)^2 + r_D^2 - x^2 = \frac{d_D^2}{4} \qquad (\,5.32\,)$$

Sie liefert für die gesuchte Koordinate x_P die Lösung:

$$x_P = \frac{d_D^2}{8r_D} - r_D \qquad (\,5.33\,)$$

Damit kann δ_D durch den folgenden Ausdruck allgemein beschrieben werden.

$$\delta_D = 2 \cdot \arccos\left(1 - \frac{d_D^2}{8 \cdot r_D^2}\right) \qquad (\,5.34\,)$$

5.4 Rechnerbasierte Auswertung

Um eine schnelle und unkomplizierte Auswertung der Überdeckungsbedingungen (Ungleichungen (5.8) bis (5.10)) für verschiedene Anordnungen zu ermöglichen, wird die Programmierumgebung der Software Matlab genutzt. Es wurden dazu drei Matlab-Funktionen implementiert, die sowohl die Geometrieberechnung als auch die Auswertung der Überdeckungsbedingungen realisieren.

Im Folgenden werden die prinzipiellen Abläufe dieser drei Funktionen sowie ihre Argumente und Rückgabewerte kurz erläutert. Ein Matlab-Skript, das darauf aufbauend maximale Profilanzahlen berechnet, wird ebenfalls vorgestellt. Der kommentierte Quelltext aller genannten Programme findet sich im Anhang der Arbeit.

5.4.1 Berechnung der Extremwerte des Flanken- und Spaltzentriwinkels

Die Matlab-Funktionen delta() und delta_s() erhalten als Argumente den Radius des Düsenkreises r_D, die Breite des Spaltes s, den Radius des Arbeitsraums und die Anzahl n der Antriebsprofile am Tisch. Anhand dieser Größen werden die Extremwerte des Flankenzentriwinkels δ bzw. des Spaltzentriwinkels δ_s aus den geometrischen Beziehungen ermittelt und zurückgegeben. Weil eine analytische Lösung für die Extremwerte nicht bekannt ist und weil der Rechenaufwand effizientere Methoden nicht erforderlich macht, wird dazu ein sogenanntes Brute-Force-Verfahren angewandt, das auf dem einfachen Ausrechnen und Vergleichen der Werte beruht.

Da sich die geometrische Ermittlung der Winkel δ und δ_s nur wenig unterscheiden, sind auch die Funktionen delta() und delta_s() ihrem Ablauf nach identisch. Der grundlegende Programmablauf besteht aus drei Schritten:

1. Zunächst gilt es, die Vielzahl an geometrischen Beziehungen aus 5.3.1 bzw. 5.3.2 zu einem geschlossenen Ausdruck für die gesuchte Größe zusammenzufassen. Dazu werden alle Beziehungen durch symbolische Variablen definiert und mit Hilfe der „subs"-Anweisung der Symbolic Math Toolbox in der erforderlichen Reihenfolge ineinander eingesetzt. Der resultierende Ausdruck enthält als Unbekannte dann nur noch die Koordinaten x_T und y_T des Tischmittelpunkts.

2. Im nächsten Schritt wird ein Punktegitter für x_T und y_T erstellt, das mit einem Punktabstand von 0.1mm in den Achsrichtungen den gesamten kreisförmigen Arbeitsraum füllt. Der Ausdruck für δ bzw. δ_s wird anschließend an jedem dieser Punkte ausgewertet.

3. Im letzten Schritt wird aus der Menge der berechneten Winkel der maximale und der minimale Wert ermittelt und zurückgegeben.

5.4.2 Berechnung der Düsenteilung

Die Funktion tau_D() erhält als Argumente den Radius r_D des Düsenkreises, die Anzahl n der Antriebsprofile, die Breite s des Spaltes, den Düsendurchmesser d_D und den Radius des Arbeitsraums. Als Rückgabewerte liefert sie drei Winkel, die den geeigneten Düsenteilungen für die übergebene Parameterkombination entsprechen. Der erste Teilungswinkel gilt dabei für eine Anordnung mit drei Düsen je Gruppe, der zweite und dritte endsprechend für vier und fünf Düsen.

Die Funktion ruft zunächst ihrerseits die beiden Funktionen delta() und delta_s() auf, um sich die Extremwerte von δ bzw. δ_s zurückgeben zu lassen. Anschließend wird der Winkel δ_D nach Gleichung (5.34) ermittelt. Mit diesen Werten werden die Intervallgrenzen aus den drei Ungleichungen (5.8), (5.9) und (5.10) berechnet und verglichen. Kann eine Ungleichung erfüllt werden, so wird der Mittelwert des erlaubten Intervalls als Düsenteilung ausgegeben. Ist dies nicht der Fall, so wird der entsprechende Rückgabewert zu „0" gesetzt.

5.4.3 Bestimmung der maximalen Profilzahl bei gegebenem Profilbereich

Für einen gegebenen Profilbereich (Profilaußen- und Innenradius stehen fest) wird die Anzahl n der Profile durch die Zahl der verwendeten Antriebsdüsen nach oben begrenzt. Da sich die Profilzahl aufgrund der Profilgeometrie jedoch direkt auf die Bauhöhe des Tisches auswirkt (vgl. Abschnitt 6.1.1), ist dieser Parameter von besonderem Interesse.

Das Matlab-Skript n_max.m ermittelt zu einem definierten Profilbereich die maximal mögliche Profilzahl für Anordnungen mit drei, vier und fünf Düsen je Düsengruppe und gibt die zugehörigen Düsenteilungen aus. Die Grundstruktur für den Programmablauf des Skripts ist in Form eines Ablaufplans in Bild 5.11 dargestellt.

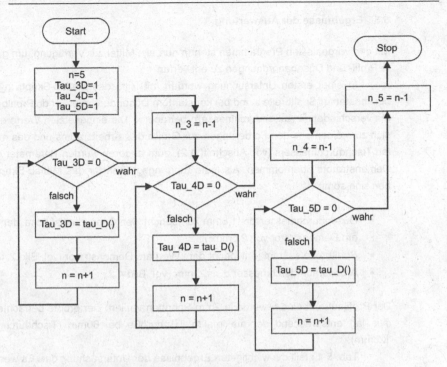

Bild 5.11: Programmablauf zur Ermittlung der maximalen Profilanzahl

Nach dem Start des Programms erfolgt die Initialisierung der Variablen. Die Profilzahl wird dabei auf fünf gesetzt, da die betrachteten Düsenanordnungen für Profilzahlen von vier und kleiner nicht anwendbar sind. Dieser Sachverhalt wird jedoch in Abschnitt 7.2 noch näher erläutert. In der ersten Schleife wird die Profilzahl n solange erhöht, bis keine Anordnung mit drei Antriebsdüsen je Antriebseinheit mehr möglich ist und die Funktion tau_D() den Wert 0 zurückliefert. Aufgrund dieses Rückgabewerts wird die Schleife verlassen und die letzte realisierbare Profilanzahl wird als n_3 gespeichert. Anschließend wird n in identischen Schleifen weiter erhöht, bis die Abbruchbedingung auch für vier bzw. fünf Düsen erreicht ist. Danach wird der Programmablauf beendet.

5.5 Ergebnisse der Auswertung

Mit den vorgestellten Programmen stehen nun alle Mittel zur Verfügung, um geeignete Profil- und Düsenanordnungen zu entwerfen.

In einer ersten Untersuchung wurden mit Hilfe des Matlab-Skripts n_max.m
bei konstanter Spaltbreite s und bei konstantem Düsendurchmesser d_D Profilbereiche
mit verschiedenen Außendurchmessern betrachtet. Die eingesetzten Werte ergaben
sich zum einen aus den Forderungen zur Größe des Arbeitsraums und des maximalen Tischdurchmessers (vgl. Abschnitt 4.2), zum anderen wurden Parameter des xy-
Demonstrators übernommen. Als feste Eingangsgrößen für das Matlab-Skript ergaben sich somit:

- Düsendurchmesser d_D=1,8mm (entspricht der Querschnittsfläche der Düsen
  am Demonstrator von 2,5mm^2)
- Spaltbreite s=1mm (entspricht dem Wert am Demonstrator (vgl. Bild 2.13))
- Arbeitsraumdurchmesser d_{AR}=22mm (vgl. Bild 4.2)

Der Profilaußenradius r_a wurde in 2mm-Schritten variiert. Der größte betrachtete Radius lag entsprechend der maximalen Tischgröße bei 60mm (Tischdurchmesser
120mm).

Tab. 5.1 stellt die wichtigsten Ergebnisse der Untersuchung dar. Es werden zu
jeder Kombination aus Düsenzahl und Profilaußenradius jeweils die maximal mögliche Profilzahl n sowie der zugehörige Düsenteilungswinkel T_D angegeben. Dabei
steigen die Düsenzahlen von Spalte zu Spalte, die Einordnung nach dem Radius
erfolgt zeilenweise.

Düsenzahl r_a in mm	3	4	5
60	n=6, T_D=19,7°	n=16, T_D=5,3°	n=21, T_D=3,2°
58	n=5, T_D=23,7°	n=14, T_D=6,2°	n=20, T_D=3,4°
56	n≤4	n=13, T_D=6,7°	n=18, T_D=3,8°
42	n≤4	n=5, T_D=17,6°	n=8, T_D=8,8°
40	n≤4	n≤4	n=7, T_D=9,9°
38	n≤4	n≤4	n=5, T_D=14,3°
36	n≤4	n≤4	n≤4

Tab. 5.1: Maximale Profilzahlen für verschiedene Profilaußenradien

Die Ergebnisse zeigen, dass mit sinkendem Profilaußenradius auch die maximale Profilzahl geringer wird. So sind beim Einsatz von drei Antriebsdüsen keine Profilanordnungen mit mehr als vier Profilen möglich, wenn der Außenradius 56mm oder weniger beträgt. Bei vier Düsen liegt diese Grenze bei 40mm und bei fünf Düsen ist ab 36mm keine weitere Verringerung des Radius möglich. Vor diesem Hintergrund erübrigt sich die Überlegung, den Profilbereich im Inneren der Tischfläche zu platzieren, da in der theoretischen Anordnung nach Bild 4.2 (c) ein Profilaußenradius von 33mm erforderlich wäre. Dieser ist jedoch für keine der untersuchten Düsenzahlen realisierbar.

Bei einer außen liegenden Profilanordnung erscheint es sinnvoll, den vorgegebenen maximalen Profilaußenradius voll auszuschöpfen, um im Inneren eine möglichst große Stützweite für die Führung zur Verfügung zu stellen. In den folgenden Untersuchungen wurden daher ausschließlich Anordnungen mit r_a=60mm betrachtet. Um den Einfluss des Düsendurchmessers und der Spaltbreite auf die mögliche Anzahl der Profile zu untersuchen, wurden diese in den weiteren Berechnungen variiert. Ausgehend von der Konfiguration am Demonstrator, zeigt Tab. 5.2 die schrittweise Verringerung von d_D bis auf die Hälfte des ursprünglichen Wertes. In ähnlicher Weise wird in Tab. 5.3 die Spaltbreite s verringert. Die maximale Profilzahl und die zugehörige Düsenteilung werden in beiden Fällen wieder für drei, vier und fünf Düsen angegeben.

d_D in mm / Düsenzahl	3	4	5
1,8	n=6, τ_D=19,7°	n=16, τ_D=5,3°	n=21, τ_D=3,2°
1,7	n=6, τ_D=19,7°	n=16, τ_D=5,4°	n=22, τ_D=3,1°
1,6	n=7, τ_D=16,8°	n=17, τ_D=5°	n=23, τ_D=2,9°
1,5	n=7, τ_D=16,8°	n=18, τ_D=4,7°	n=24, τ_D=2,8°
1,3	n=8, τ_D=14,6°	n=20, τ_D=4,2°	n=26, τ_D=2,6°
1,1	n=9, τ_D=13°	n=22, τ_D=3,8°	n=29, τ_D=2,3°
0,9	n=10, τ_D=11,6°	n=25, τ_D=3,3°	n=33, τ_D=2°

Tab. 5.2: Maximale Profilzahlen für verschiedene Düsenquerschnitte

Düsenzahl s in mm	3	4	5
1	n=6, τ_D=19,7°	n=16, τ_D=5,3°	n=21, τ_D=3,2°
0,8	n=6, τ_D=19,8°	n=17, τ_D=5,1°	n=22, τ_D=3,1°
0,6	n=7, τ_D=16,9°	n=18, τ_D=4,8°	n=24, τ_D=2,9°
0,4	n=7, τ_D=17°	n=19, τ_D=4,6°	n=26, τ_D=2,7°

Tab. 5.3: Maximale Profilzahlen für verschiedene Spaltbreiten

Es ist zu erkennen, dass sowohl eine Verringerung des Düsendurchmessers als auch der Spaltbreite größere Profilzahlen ermöglichen. Dabei sind die Effekte jedoch - besonders bei der ohnehin geringen Spaltbreite - sehr klein. Die Profilzahl steigt bei Halbierung des Düsendurchmessers im Falle einer Anordnung mit drei Düsen von 6 auf 10 Profile. Eine Halbierung der Spaltbreite hat dagegen nur eine Änderung von 6 auf 7 Profile zur Folge.

Die Kombinationen aus Profil- und Düsenanordnungen, die in diesem Kapitel vorgestellt wurden, genügen allen erarbeiteten Bedingungen und sind damit grundsätzlich geeignet, die geforderte Antriebsaufgabe zu erfüllen. Da diese Bedingungen jedoch allein auf der ebenen Geometrie der einander überdeckenden Anordnungen beruhen, werden keinerlei Effekte berücksichtigt, die mit der räumlichen Ausdehnung der Bauteile, den Strömungsbedingungen oder der Überlagerung der resultierenden Antriebskräfte zusammenhängen. Mögliche Varianten müssen daher hinsichtlich dieser Aspekte noch weiter untersucht werden.

6 Ausarbeitung und Optimierung einer Profilanordnung

In diesem Kapitel wird zunächst eine konkrete Profilanordnung in ein 3D-Modell umgesetzt und hinsichtlich ihrer Eigenschaften untersucht. Aus den Erkenntnissen werden dann konkrete Optimierungsansätze abgeleitet, die am Ende zur Ausarbeitung einer verbesserten Anordnung führen. Anschließend erfolgt die Bewertung beider Varianten vor dem Hintergrund der Optimierungskriterien aus Kapitel 1.

6.1 Ausgangskonfiguration für 12 Düsen

Aufbauend auf den Erkenntnissen aus Abschnitt 5.5 wird für die Ausgangskonfiguration ein Profilaußenradius von 60mm und eine Düsenanordnung mit drei Düsen je Antriebseinheit gewählt. Die Werte für Düsenquerschnittsfläche bzw. Düsendurchmesser und Spaltbreite werden mit d_D=1,8mm und s=1mm vom Demonstrator übernommen. Nach Abschnitt 5.5 resultiert daraus eine maximal mögliche Profilanzahl von n=6, was einer Profilteilung von T_P=60° entspricht sowie einer Düsenteilung von T_D=19,7°.

In Bild 6.1 ist diese Konfiguration in zwei verschiedenen Darstellungen abgebildet. Bild 6.1 (a) zeigt die bekannte ebene Prinzipdarstellung von Düsen und Profilen mit allen erforderlichen Maßen. Da alle Dimensionen maßstabsgerecht abgebildet sind, kann für die dargestellte Tischposition eine „visuelle" Überprüfung der Überdeckungsbedingungen erfolgen. Die Pfeile an den Profilflanken geben die Wirkrichtungen der Kräfte an, die in dieser Stellung erzeugt werden können.

In Bild 6.1 (b) ist in zwei Ansichten das dreidimensionale CAD-Modell eines monolithisch aufgebauten Tisches mit der beschriebenen Profilanordnung abgebildet. Die schräg nach oben verlaufende Kante zwischen zwei Flanken eines Dreiecksprofils resultiert aus der Überlagerung des Flankenwinkels von 45° mit dem Profilteilungswinkel von 60°. Die Oberseite des Tisches ist eben, so dass abgelenkte Strahlen von den Spalten frei abströmen können. Auf gewölbte Profiloberseiten zur Ausnutzung des Coanda-Effekts wurde zur Vereinfachung der folgenden Untersuchungen zunächst verzichtet.

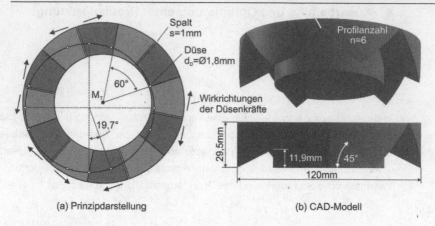

(a) Prinzipdarstellung   (b) CAD-Modell

Bild 6.1: Konfiguration mit 12 Düsen und 6 Antriebsprofilen

6.1.1 Probleme

Die große Profilteilung bzw. die geringe Anzahl an Antriebsprofilen führt in der ebenen Betrachtung (Bild 6.1 (a)) zu großen projizierten Flankenflächen. Aufgrund des Flankenwinkels von 45° zur Antriebsebene ergibt sich daraus zwangsläufig auch eine große Bauhöhe in z-Richtung. Diese entspricht mit 29,5mm einem Vielfachen der Tischbauhöhe des xy-Antriebs (6mm) und führt zu einer größeren bewegten Tischmasse. Neben der Tatsache, dass die große Profilhöhe dem erklärten Ziel einer möglichst kompakten Bauweise zuwiderläuft, kann die Krafterzeugung - aufgrund der großen freien Strahllängen vom Düsenaustritt bis zum Auftreffpunkt auf der Flanke - negativ beeinflusst werden. Dieser Zusammenhang wird in Abschnitt 6.1.1.1 genauer untersucht.

Eine weitere Folge der großen Profilteilung zeigen die Wirkrichtungen der Kräfte in Bild 6.1 (a). Es ist zu erkennen, dass die Kräfte gegenüberliegender Antriebselemente nicht mehr zwingend auf parallelen Wirkungslinien liegen. Daraus resultieren je nach Tischposition in bestimmte Richtungen suboptimale Bedingungen zur Überlagerung der Kräfte. Aber auch innerhalb eines Antriebselements kann es zu einem Richtungsunterschied von bis zu 60° (eine Profilteilung) zwischen zwei Kräften kommen. Dies wird aus der Betrachtung des auf der linken Seite gelegenen Düsenpaketes in Bild 6.1 (a) ersichtlich. Die beiden äußeren Düsen dieser Düsengruppe sind auf den Rand einer negativen Dreiecksflanke gerichtet und damit in einer „schwachen" Position (vgl. Abschnitt 6.1.1.1). Sie müssen sich entsprechend des Kommutierungsprinzips nach Abschnitt 2.4.2.3 bei der Krafterzeugung ergänzen, was aufgrund ihrer unterschiedlichen Richtungen jedoch nicht in idealer Weise möglich ist.

6.1.1.1 Einfluss der freien Strahllänge

Die Krafterzeugung an Dreiecksprofilen wurde mit Hilfe des in Bild 6.2 dargestellten Versuchsaufbaus untersucht. Er besteht aus einem aerostatisch geführten Schlitten, an dem zwei Dreiecksprofile angebracht sind. Eins dieser Profile ist durch ein Langloch mit dem Schlitten verschraubt und ermöglicht so das stufenlose Einstellen der Spaltbreite. Die Profile können über ein Schlauchende mit einem Austrittsdurchmesser von 2mm angeströmt werden. Die Versorgung mit Druckluft erfolgt über ein druckgeregeltes Servoventil. Der Schlauch wird von einer Positioniereinheit getragen, die Stellbewegungen in alle drei Raumrichtungen ermöglicht. Die Bewegung des Schlittens wird durch ein hochauflösendes Kraftmessgerät unterbunden, das in Vorschubrichtung an die Stirnfläche des Schlittens gekoppelt ist. Der beschriebene Aufbau ermöglicht somit die Messung der Antriebskräfte ohne reibungsbedingte Kraftverluste.

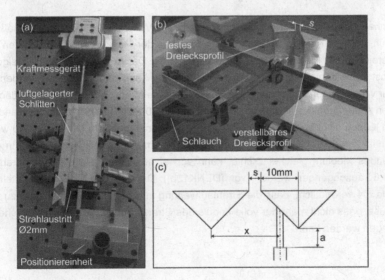

Bild 6.2: Versuchsaufbau zur Untersuchung der Krafterzeugung an Dreiecksprofilen

Der Einfluss der freien Strahllänge auf die Krafterzeugung an den Dreiecksprofilen wird aus Bild 6.3 ersichtlich. Es zeigt die Verläufe der Vorschubkraft, die entstehen, wenn die Düse mit verschiedenen Abständen a in x-Richtung gegenüber der Profilanordnung verfahren wird.

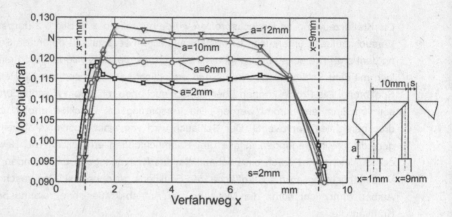

Bild 6.3: Einfluss der freien Strahllänge auf die Vorschubkraft

Anhand der Verläufe wird ersichtlich, dass die Vorschubkraft sehr gleichmäßig verläuft, solange die Düse in die inneren Bereiche der Flankenfläche trifft. In den Randbereichen der Fläche fällt die Kraft dagegen ab. Der Kraftabfall wird mit steigendem Abstand a deutlich größer. Diese Beobachtung kann dadurch erklärt werden, dass zur vollständigen Umlenkung des Freistrahls eine Mindestgröße der Ablenkfläche um den Auftreffpunkt erforderlich ist (vgl. [SIGL12/200–201]). Dies ist in der Randposition jedoch nicht an allen Seiten gegeben. Bei zunehmendem Düsenabstand wird der Einfluss der Strahlaufweitung deutlich. Bei einem Austritt von Freistrahlen in ein ruhendes Medium gleicher Dichte, kann von einem Öffnungswinkel des Strahls von 23,6° ausgegangen werden (vgl. [DENK13b]). Die stark vereinfachte Darstellung in Bild 6.4 verdeutlicht, dass die Strahlaufweitung in randnahen Positionen dazu führen muss, dass nicht mehr der volle Impuls des Strahls auf die gewünschte Fläche übertragen werden kann.

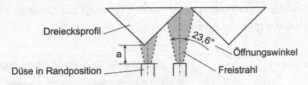

Bild 6.4: Aufweitung des Freistrahls

6.1.2 Optimierungsmöglichkeiten

Da sich die meisten der genannten Probleme direkt oder indirekt auf die große Profilteilung der Anordnung zurückführen lassen, muss ihre Verringerung ein zentrales
Ziel der Optimierungsbemühungen sein.

Wie in Abschnitt 5.5 gezeigt wurde, kann auf die maximale Profilzahl und damit auf die Profilteilung durch die folgenden drei Parameteränderungen eingewirkt
werden:

- Reduzierung des Düsendurchmessers
- Reduzierung der Spaltbreite zwischen den Profilen
- Erhöhung der Düsenanzahl

Diese drei Möglichkeiten sollen in den folgenden Abschnitten in der genannten Reihenfolge hinsichtlich ihres Optimierungspotentials untersucht werden.

Sowohl der Düsendurchmesser als auch die Spaltbreite beeinflussen die
Strömungsverhältnisse und stehen somit in direktem Zusammenhang zu den erreichbaren Antriebskräften. Im Falle des Düsendurchmessers kann auf die Ergebnisse zur Auslegung und Optimierung des xy-Antriebs zurückgegriffen werden. Um den
Einfluss verschiedener Spaltbreiten zu ermitteln, wurden eigene Versuche durchgeführt.

6.2 Einfluss des Düsendurchmessers auf die Vorschubkraft

Bei den Vorarbeiten zur Entwicklung des xy-Antriebs wurden simulative und experimentelle Untersuchungen durchgeführt, um den Austrittsdurchmesser der Antriebsdüsen unabhängig von den verwendeten Antriebsprofilen zu optimieren. Dazu wurde
die Strahlkraft einer Düse auf eine senkrecht zur Strahlachse stehende Prallplatte bei
einem Eingangsdruck von 1bar ermittelt. Bild 6.5 (a) zeigt den Versuchsaufbau zur

experimentellen Ermittlung der Prallkraft und Bild 6.5 (b) zeigt das simulativ ermittelte Geschwindigkeitsfeld der gleichen Anordnung.

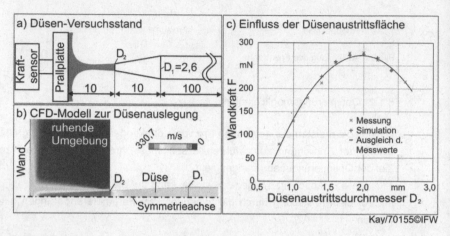

Bild 6.5: Optimierung des Düsenaustrittdurchmessers [KAYA14]

Durch eine ausreichend große Platte wird eine vollständige Umlenkung des Strahls um 90° erreicht. Aus der Impulserhaltungsgleichung in Strahlrichtung folgt in diesem Fall, dass die Reaktionskraft an der Platte genau dem Impulsstrom F_0 der Düse entspricht [SIGL12/200].

$$F_{Prall} = \rho \cdot A_0 \cdot v_0^2 = F_0 \qquad\qquad (6.1)$$

Dabei bezeichnet ρ die als konstant angenommene Dichte des Fluids, A_0 den Flächeninhalt des Düsenquerschnitts und v_0 die Strömungsgeschwindigkeit am Düsenaustritt.

Nach Gleichung (2.2) kann von einem linearen Zusammenhang zwischen F_0 und der nutzbaren Vorschubkraft an einer zentral angeströmten Dreiecksflanke ausgegangen werden. Somit können die Ergebnisse der Untersuchung, die in Bild 6.5 (c) dargestellt sind, problemlos auf den Antrieb übertragen werden.

Sowohl aus den Ergebnissen der Simulation als auch aus den Messwerten geht hervor, dass der angenommene Düsendurchmesser von d_D=1,8mm bereits den optimalen Durchmesser darstellt. Eine Reduzierung hätte unweigerlich eine Verringerung der resultierenden Antriebskräfte zur Folge. So ermöglicht ein auf d_D=1,3mm reduzierter Düsendurchmesser einerseits nur eine Erhöhung der Profilanzahl auf n=8 (siehe Tab. 5.2), führt jedoch andererseits zu einem großen Kraftverlust von ca. 28% gegenüber der Ausgangskonfiguration.

6.3 Spaltbreite

Die Ermittlung des Einflusses der Spaltbreite auf die erreichbaren Vorschubkräfte erfolgte experimentell unter Verwendung des bereits bekannten Versuchsaufbaus aus Abschnitt 6.1.1.1. Bei allen Messungen wurde der Freistrahl mit Hilfe der Positioniereinrichtung genau mittig auf die bestrahlte Profilflanke ausgerichtet und die Abstände entsprechend der Darstellung in Bild 6.2 (c) eingestellt. Die Voreinstellung der Spaltbreiten erfolgte durch das Einlegen von Abstandsblechen vor dem Verschrauben des Profils. Anschließend wurde der genaue Abstand durch Messung mit einem Messschieber ermittelt. Die Kraftmessung erfolgte für jede eingestellte Spaltbreite nacheinander für drei verschiedene Eingangsdrücke. Die Ergebnisse der Messungen sind in Bild 6.6 dargestellt.

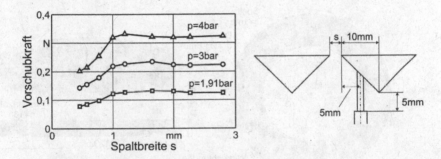

Bild 6.6: Vorschubkraft in Abhängigkeit von der Spaltbreite

Die Messergebnisse zum Einfluss der Spaltbreite zeigen, dass auch hier der Wert der Ausgangskonfiguration von s=1mm eine sehr gute Wahl darstellt. Es ist deutlich zu erkennen, dass bei Unterschreiten dieses Wertes ein starker Kraftabfall auftritt, der aus dem erhöhten Strömungswiderstand des engeren Spaltes resultiert. Auch in diesem Fall wären nach Tab. 5.3 nur sehr geringe Steigerungen der Profilzahl möglich, die jedoch zu großen Krafteinbußen führen würde.

    Zusammenfassend kann festgehalten werden, dass weder die Verringerung des Düsendurchmessers noch die Reduzierung der Spaltbreite geeignet sind, die in 6.1.1 genannten Probleme zu beseitigen. Die geringen Vorteile aufgrund der kleinen erreichbaren Steigerungen der Profilanzahl können die entstehenden Nachteile aufgrund der starken Krafteinbußen nicht aufwiegen.

6.4 Erhöhung der Düsenanzahl

Vor dem Hintergrund der Untersuchungen zum Düsendurchmesser und der Spaltbreite ist die Erhöhung der Düsenanzahl die einzig verbleibende Möglichkeit, den genannten Problemen (Abschnitt 6.1.1) zu begegnen.

Wird die Düsenzahl je Düsenpaket in der Ausgangskonfiguration um eins erhöht, so muss insgesamt eine Düsenzahl von 16 statt 12 Düsen hingenommen werden. Aus dieser Änderung ergibt sich nach Tab. 5.1 eine maximale Profilanzahl von $n=16$, was einer Profilteilung von $\tau_D= 22,5°$ entspricht. Die notwendige Düsenteilung beträgt in diesem Fall nur noch 5,3°. Die resultierende Anordnung ist wiederum in Form einer Prinzipdarstellung in Bild 6.7 (a) und als dreidimensionales CAD-Modell in Bild 6.7 (b) abgebildet.

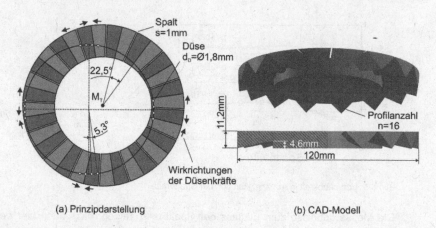

(a) Prinzipdarstellung   (b) CAD-Modell

Bild 6.7: Konfiguration mit 16 Düsen und 16 Antriebsprofilen

Gegenüber der Ausgangskonfiguration mit 6 Profilen ist zu erkennen, dass die höhere Profilanzahl zu einer drastischen Reduzierung der Profilhöhe - auf nun noch 11,2mm - führt. Damit kann eine Bauhöhe des Tisches realisiert werden, die deutlich näher an den Größenverhältnissen des Demonstrators liegt. Darüber hinaus können auch die negativen Effekte aufgrund großer Freistrahllängen gemindert werden.

Zwar können die Kräfte gegenüberliegender Antriebseinheiten je nach Tischposition noch immer einander entgegengesetzte Komponenten aufweisen, jedoch ist die Richtungsabweichung der erzeugten Kräfte innerhalb eines Antriebselements mit maximal 22,5° nun deutlich geringer. Damit wird bei der Ansteuerung zweier Düsen des gleichen Antriebselements in „schwachen" Positionen eine größere Effizienz erreicht.

Die Nachteile dieser Variante ergeben sich aus der Anzahl der Düsen selbst. Da zur Ansteuerung jeder Düse ein weiteres Servo-Ventil erforderlich ist, steigen die Anschaffungskosten wie auch die Düsenzahl um ein Drittel. Des Weiteren wird für alle Ventile Bauraum in unmittelbarer Nähe zu den Antriebsdüsen benötigt, was zu weiteren Herausforderungen in Bezug auf die Anordnung und Montage der Ventile am Gestell führt. Darüber hinaus wächst durch die erhöhte Düsenanzahl auch die Zahl der einschaltbaren Düsenkombinationen. Die Komplexität der Ansteuerung nimmt auf diese Weise weiter zu.

6.5 Bewertung der Varianten

Da die beiden vorgestellten Varianten mit 12 bzw. 16 Düsen nicht realisiert und getestet wurden, können sie auch nicht objektiv anhand quantitativer Messdaten bewertet werden. Ausgehend von den Überlegungen und Untersuchungen der vorigen Abschnitte lassen sie sich jedoch qualitativ miteinander und mit den bekannten Eigenschaften des xy-Antriebs vergleichen. Dabei wird deutlich, dass zwischen den drei anfangs formulierten Forderungen nach einer kompakten Bauweise, möglichst großen Antriebskräften bzw. Momenten und einer geringen Düsenzahl ein Zielkonflikt besteht (Bild 6.8). So kann mit der ersten Variante (6 Profile) zwar die Düsenzahl des xy-Antriebs beibehalten werden, die dazu notwendige geringe Profilteilung führt aber gleichzeitig zu einer weitaus größeren Bauhöhe und - abhängig von der Tischposition - zu geringeren Vorschubkräften und Momenten. Wie mit der zweiten Variante (16 Profile) gezeigt wurde, besteht die einzige Möglichkeit zur Reduzierung der Bauhöhe und zur Verbesserung der Krafteffizienz in einer Erhöhung der Düsenanzahl mit allen damit verbundenen Nachteilen.

Bei gleicher Gewichtung der drei Forderungen und im Sinne einer leistungsfähigen Lösung, müsste der zweiten Variante der Vorzug gewährt werden. Die höheren Kosten- und die gesteigerte Komplexität wären in diesem Fall zu tolerieren.

Bild 6.8: Zielkonflikt

Neben den beschriebenen Einschränkungen, die zu Kompromissen hinsichtlich der Gestaltung der Profil- und Düsenanordnung zwingen, ist für die praktische Umsetzung eines derartigen Antriebs die Notwendigkeit einer sehr aufwändigen Düsenansteuerung abzusehen.

Aufgrund des rotatorischen Bewegungsfreiheitsgrades des Tisches ist eine Kommutierung auf Basis experimentell ermittelter Kommutierungsstellen, wie sie in Abschnitt 2.4.2.3 beschrieben wurde, nicht mehr ohne Weiteres möglich. Während die Kommutierungsstellen für den xy-Antrieb aus mehreren Kraft-Weg-Verläufen in nur einer der beiden Bewegungsrichtungen ermittelt wurden, besteht für die Düsenzuordnung des xyφ-Antriebs eine Abhängigkeit von allen drei Antriebsfreiheitsgraden. Um in jeder Lage die gewünschten Kräfte zur Verfügung zu stellen, muss also im Betrieb mathematisch ermittelt werden, welche Düse sich mit welcher Flanke deckt und ob das Zuschalten einer weiteren Düse der Düsengruppe erforderlich ist.

Eine Möglichkeit, den beschriebenen Zielkonflikt aufzulösen und gleichzeitig die Ansteuerung der Düsen deutlich zu vereinfachen, besteht in einer Abwandlung der ursprünglich vorgesehenen Dreiecksprofile. Diese wird in Kapitel 1 vorgestellt.

7 Modifikation des Antriebskonzepts

Im folgenden Kapitel wird ein Antriebskonzept vorgestellt, das auf einer Abwandlung der Dreiecksprofile beruht und durch das die bisherigen Grenzen für die Profilanordnung überwunden werden können. Ausgehend von den Profil- und Düsenanordnungen aus den vorherigen Betrachtungen, wird zunächst der grundlegende Ansatz zur Modifikation der Dreiecksprofile vorgestellt und eine Profilanordnung entworfen. Anschließend wird eine spezielle Form der schon bekannten Überdeckungsbedingungen formuliert, um geeignete Düsenanordnungen ermitteln zu können. Es folgen die strömungsmechanische Optimierung der Profile sowie die Ausarbeitung eines dreidimensionalen Modells der Anordnung.

7.1 Grundgedanke und Profilanordnung

Für die bisher betrachteten radialen Anordnungen dreieckiger Antriebsprofile sind geringe Düsenzahlen nur bei sehr großen Profilteilungswinkeln möglich. Diese können jedoch in der Praxis nicht realisiert werden, weil eine große Profilteilung aufgrund der dreieckigen Antriebsprofile zwingend mit einer großen Profilhöhe verknüpft ist. Der hier vorgestellte Ansatz beruht in erster Linie darauf, diesen bereits in Abschnitt 6.5 beschriebenen Zielkonflikt durch das in Bild 7.1 gezeigte Vorgehen in zwei Schritten aufzulösen.

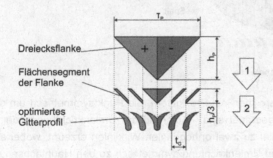

Bild 7.1: Segmentierung der Dreiecksflanken

Im ersten Schritt wird dazu die Profilhöhe h_P von der Profilteilung T_P entkoppelt, indem die Wirkflächen (Flanken) in Segmente aufgeteilt und nebeneinander angeordnet werden. Auf diese Weise entsteht an Stelle einer einzelnen Profilflanke ein Gitter-Bereich, der jedoch die gleiche Richtung der Strahlumlenkung aufweist. Der Abstand zwischen den parallel verlaufenden Gitterprofilen wird von nun an als Gitterteilung t_G bezeichnet. Die Bezeichnung T_P für die Profilteilung wird beibehalten und bezeichnet nun den Winkel, den zwei Gitterbereiche unterschiedlicher Umlenkrichtung am Tisch einnehmen (vgl. Bild 7.2).

Im zweiten Schritt wird die Geometrie dieses Gitters optimiert, um zu gewährleisten, dass eine Relativbewegung - bezogen auf die antreibende Düse - innerhalb eines gleichgerichteten Gitterbereichs ohne große Kraftwelligkeit möglich ist.

Auf diese Weise kann theoretisch jede Dreiecksanordnung, von beliebig großer Profilteilung, in eine Anordnung von Gitterbereichen mit kleiner Profil- und Bauhöhe überführt werden. Es bietet sich an dieser Stelle jedoch an, die erweiterte Gestaltungsfreiheit für eine Anordnung zu verwenden, die eine optimale Ausnutzung der Antriebskräfte ermöglicht. Diese ist in Bild 7.2 dargestellt.

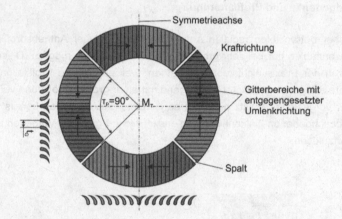

Bild 7.2: Anordnung der Gitterbereiche

Sie besteht aus acht Bereichen mit Profilgittern, die Punktsymmetrisch um den Ursprung des Tisches angeordnet sind. Aufgrund der Umlenkrichtungen der Gitter, werden nur Kräfte parallel zu zwei orthogonalen Wirklinien erzeugt, wobei sich die Bereiche mit der gleichen Umlenkrichtung symmetrisch zu den Hauptachsen des Tisches gegenüberliegen. Sind alle Profilbereiche durch Düsen bestrombar, so ist unabhängig von der Lage des Tisches die Verfügbarkeit von je einem gleichgerichteten

Kräftepaar für jede der vier Kraftrichtungen gewährleistet. Diese lassen sich, genau wie die Antriebskräfte am Tisch des xy-Antriebs, in idealer Weise zur Erzeugung der Vorschubkräfte und Momente überlagern.

7.2 Düsenanordnung

Die vorgestellte Anordnung der Profilgitter ist mit einer Anordnung von vier herkömmlichen Dreiecksprofilen vergleichbar. Wie bereits in Abschnitt 5.4.3 erwähnt, versagt in diesem Fall jedoch die Düsenanordnung in vier voneinander getrennt betrachteten Gruppen sowie die dafür aufgestellten Ungleichungen der Düsenteilung.

Die Begründung liegt in der Tatsache, dass bei acht vorhandenen Gitterbereichen (oder auch Dreiecksflanken) jeder einzelne erforderlich ist, um in jeder Lage die uneingeschränkten Vorschubkräfte und Momente bereitzustellen. Die bisher genutzten Ungleichungen stellen dagegen nur sicher, dass an jedem Düsenpaket jeder Flankentyp angestrahlt werden kann. Dabei wird jedoch nicht der Fall berücksichtigt, dass Düsen zweier benachbarter Düsengruppen gleichzeitig auf die gleiche Profilflanke treffen können und eine andere Flanke dafür von keiner Düse überdeckt wird.

Die Lösung dieses Problems besteht darin, sich von der ortsfesten Betrachtungsweise einzelner Düsenpakete zu lösen und zu einer auf den Tisch bezogenen Sichtweise überzugehen. Es wird folglich die Forderung aufgestellt, dass - unabhängig von der Lage des Tisches im Arbeitsraum - jeder Profilbereich von wenigstens einer Antriebsdüse in vollem Umfang überdeckt wird.

In Anbetracht des kreisförmigen Arbeitsraums und der ringförmig am Tisch angeordneten Gitterbereiche wird ersichtlich, dass die gleichmäßige Verteilung der Düsen über den Düsenkreis eine sinnvolle Anordnung darstellen muss.

Um den geeigneten Teilungswinkel dieser Düsenanordnung zu ermitteln, kann die allgemein formulierte erste Überdeckungsbedingung (5.1) aus Abschnitt 5.2.2.1 herangezogen werden, welche die Düsenteilung τ_D nach oben begrenzt. Eine untere Grenze für τ_D ist aufgrund der „endlosen" Verteilung der Düsen am Umfang nicht erforderlich. Die vollständige Ungleichung für τ_D, in der durch den Extremwert von δ auch sämtliche Lagen des Tisches im Arbeitsraum berücksichtigt werden, lautet demnach:

$$\tau_D < \delta_{min} - \delta_D \qquad (7.1)$$

Damit die gleichmäßige Verteilung der Düsen am Umfang des Düsenkreises gewährleistet ist, muss der Wert für τ_D jedoch so gewählt werden, dass er den vollen 360°-Winkel ganzzahlig teilt.

Um konkrete Teilungen zur Anordnung der Düsen zu berechnen, kann das Matlab-Skript tau_D_Gitter.m (siehe Anhang) verwendet werden. Es wertet zunächst den Term für die obere Grenze von τ_D nach Ungleichung (7.1) aus, wobei die bereits vorgestellte Matlab-Funktion delta() genutzt wird. Der Winkel δ_D wird direkt aus Gleichung (5.34) berechnet. Anschließend wird aus dem zulässigen Höchstwert für τ_D auf die kleinste mögliche Düsenzahl und den daraus resultierenden endgültigen Wert für τ_D geschlossen.

7.3 Umsetzbare Kombination aus Profil- und Düsenanordnung

Für die Erstellung einer geeigneten Kombination aus Profilgitter- und Düsenanordnung werden der Profilaußenradius r_a=60mm, der Durchmesser des Arbeitsraums d_{AR}=22mm und der Düsendurchmesser d_D=1,8mm aus den vorherigen Überlegungen beibehalten. Unter Verwendung des Matlab-Skripts tau_D_Gitter.m kann gezeigt werden, dass für diese Parameterkombination bis zu einer Spaltbreite von s=2,3mm eine Anordnung von nur 12 Düsen möglich ist, was wiederum einem Düsenteilungswinkel von τ_D=30°entspricht. Diese Konfiguration ist in Bild 7.3 in zwei verschiedenen Tischpositionen abgebildet. Anhand der Überdeckung und der eingezeichneten Kraftrichtungen für die jeweiligen Gitterbereiche wird deutlich, dass die in Abschnitt 7.2 formulierte Forderung erfüllt wird und jeder Läuferfreiheitsgrad „bedient" werden kann.

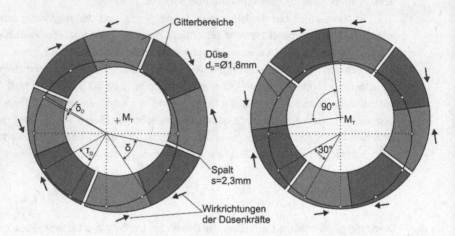

Bild 7.3: Düsen- und Gitteranordnung für den xyφ-Antrieb

7.4   Optimierung der Gitterprofile

An die Gitterprofile, die innerhalb der bereits festgelegten Bereiche des Tisches liegen, werden zwei wesentliche Anforderungen gestellt. Zum einen sollten sie den
Strahl der Düse so aus seiner vertikalen Richtung ablenken, dass möglichst große
Vorschubkräfte in die Bewegungsrichtung des Tisches erzielt werden. Zum anderen
muss die erzeugte Vorschubkraft eine möglichst geringe Abhängigkeit von der Relativposition der Düse zum Gitter aufweisen. Ist eine zu große Abhängigkeit vorhan-
den, führt dies zu einer Welligkeit im Kraft-Weg-Verlauf (Kraftwelligkeit), die zu Problemen bei der Regelung der Vorschubbewegungen führt. Um die beiden genannten
Anforderungen bestmöglich zu erfüllen, werden nach einer kurzen theoretischen
Vorüberlegung Strömungssimulationen zur Ermittlung geeigneter Gitterprofile durchgeführt. Die besten Ergebnisse werden im Anschluss experimentell verifiziert und auf
ihre Eignung für den realen Einsatz überprüft.

7.4.1 Vorüberlegung

Um die Gitterprofile hinsichtlich ihrer Vorschubkraftausbeute zu optimieren, besteht
der erste Schritt darin, von den ebenen Prallflächen, die nach Bild 7.1 direkt aus der
Form der Dreiecksflanken abgeleitet wurden, zu gekrümmten Ablenkflächen überzugehen. Der daraus entstehende Vorteil kann anhand des einzelnen kreisbogenförmi-
gen Ablenkbleches in Bild 7.4 mit Hilfe des stark vereinfachten analytischen Strö-
mungsmodells (reibungsfrei und inkompressibel) aus Abschnitt 2.4.2.1 verdeutlicht
werden.

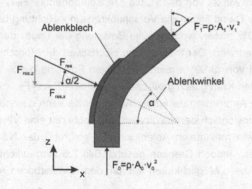

Bild 7.4: Prinzip der Krafterzeugung an einem Ablenkblech

Das einzelne Ablenkblech ist in dieser Darstellung so angeordnet, dass es vom vertikalen Strahl einer Antriebsdüse am unteren Ende tangential angeströmt wird. Nach der Umlenkung des Strahls um den Ablenkwinkel α, strömt dieser wiederum tangential zur Oberfläche ab. Die auf das Blech wirkenden Strahlkräfte können aus dem Impulssatz für das blau hervorgehobene Kontrollvolumen ermittelt werden. Dabei folgt aus der Annahme der Reibungsfreiheit, dass nur Kräfte senkrecht zur Wand auftreten können und dass die Geschwindigkeit v_1 des abströmenden Strahls - aufgrund der Energieerhaltung - der Geschwindigkeit v_0 des anströmenden Strahls entsprechen muss. Da der Strahl nicht aufgeteilt wird, bleibt darüber hinaus auch die Strahlquerschnittsfläche erhalten und es gilt:

$$F_1 = \rho \cdot A_1 \cdot v_1^2 = \rho \cdot A_0 \cdot v_0^2 = F_0 \qquad (7.2)$$

Der Impulssatz in x-Richtung liefert somit direkt die x-Komponente der resultierenden Strahlkraft F_{res} in Abhängigkeit vom Impulsstrom F_0 der Düse.

$$F_{res,x} = F_1 \cdot \sin \alpha = F_0 \cdot \sin \alpha \qquad (7.3)$$

Die z-Komponente von F_{res} kann aus dem Impulssatz in z-Richtung ermittelt werden:

$$F_{res,z} = F_0 - F_1 \cdot \cos \alpha = (1 - \cos \alpha) \cdot F_0 \qquad (7.4)$$

Die Berechnungen in Abschnitt 2.4.2.1 zeigen, dass für ein Dreiecksprofil mit dem optimalen Flankenwinkel von 45° eine maximale nutzbare Vorschubkraft von $F_{res,x}$=0,5·F_0 erreicht werden kann. Die Kraftkomponente in Richtung der Tischführung hat dabei exakt die gleiche Größe.

Aus den Gleichungen (7.3) und (7.4) geht hervor, dass an dem betrachteten Umlenkblech, für einen Ablenkwinkel von α=45°, die Kraftkomponenten $F_{res,x}$=0,7·F_0 und $F_{res,z}$=0,29·F_0 resultieren. Damit liegen die Vorschubkräfte in x-Richtung bei gleicher Strahlumlenkung um 40% höher, wogegen die Belastung der Lager durch die Strahlkräfte um 42% gemindert wird. Der theoretische Höchstwert der Vorschubkraft wird bei einem Ablenkwinkel von α=90° erreicht. In diesem Fall sind die x- und z-Komponente der resultierenden Kraft gleich groß und es gilt $F_{res,x}$= $F_{res,z}$=F_0.

Durch die periodische Anordnung derartiger Ablenkprofile kann demnach ein Gitter erzeugt werden, das hinsichtlich der maximalen Vorschubkraft eine Verbesserung darstellt. Dabei sind dem maximalen Ablenkwinkel - aufgrund der Nähe benachbarter Profile zueinander - jedoch Grenzen gesetzt. Bild 7.5 verdeutlicht diese Grenzen und zeigt zwei denkbare Möglichkeiten auf, um den realisierbaren Ablenkwinkel zu steigern.

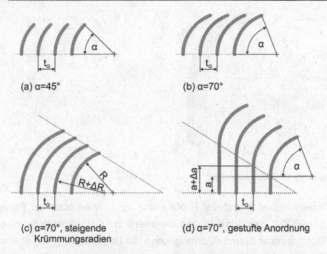

(a) α=45°   (b) α=70°

(c) α=70°, steigende   (d) α=70°, gestufte Anordnung
Krümmungsradien

Bild 7.5: Periodische Anordnung der Gitterprofile

Wird für eine Profilanordnung bei gleichbleibendem Krümmungsradius R und bei konstanter Gitterteilung t_G der Ablenkwinkel α erhöht, so führt dies zu einer Verringerung des Strömungsquerschnitts zwischen den benachbarten Profilen. Diese Verengung tritt am oberen Ende der Profile auf und ist in Bild 7.5 (a) bzw. (b) für den Schritt von α=45° auf α=70° gut zu erkennen. Da mit dem schrumpfenden Querschnitt der Strömungswiderstand wächst, ist zu erwarten, dass eine Steigerung des Ablenkwinkels über einen optimalen Wert $α_{opt.}$ hinaus zur Minderung der nutzbaren Vorschubkräfte führt.

Um diesem Effekt entgegenzuwirken und $α_{opt.}$ zu erhöhen, können die beiden Ansätze nach Bild 7.5 (c) und (d) genutzt werden. Dabei werden entweder die Krümmungsradien der Ablenkflächen von Profil zu Profil inkrementiert oder die Anordnung erfolgt gestuft mit wachsender Profilhöhe bei konstantem Krümmungsradius. In beiden Fällen muss jedoch aufgrund der zunehmenden Profilhöhe wiederum ein Kompromiss hinsichtlich der Bauhöhe eingegangen werden.

7.4.2 Festlegung der Profilgeometrie

Auf Basis der genannten Überlegungen, beschränkt sich die Optimierung der Gitterprofile auf eine grundlegende Geometrie, die durch verschiedene Parameter variiert werden kann. Sie ist in Bild 7.6 für zwei benachbarte Profile dargestellt.

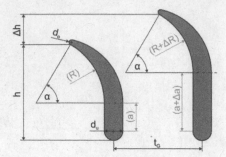

Bild 7.6: Beschreibung der Profilgeometrie

Neben dem Ablenkwinkel α und der Profilteilung t_G, können über die Parameter h und Δh die Profilhöhe bzw. das Höheninkrement zum Nachbarprofil vorgegeben werden. Die Durchmesser d_o und d_u ermöglichen die Beeinflussung der Profildicke im unteren Bereich sowie das Erzeugen einer Verjüngung im oberen Bereich des Profils. Diese Verjüngung in Abströmrichtung hilft zusätzlich, der Verengung des Strömungsquerschnittes bei großen Ablenkwinkeln entgegenzuwirken.

Die Geometrie wird durch die genannten Parameter eindeutig bestimmt, wenn zusätzlich für die Parameter R oder a ein Wert vorgegeben wird. Soll eine Anordnung mit steigenden Krümmungsradien nach Bild 7.5 (c) erstellt werden, so muss lediglich a=0 gewählt werden. Der Krümmungsradius R und sein Inkrement ΔR ergeben sich dann automatisch. Soll dagegen eine gestufte Anordnung nach Bild 7.5 (d) erstellt werden, so ist R vorzugeben und a stellt sich folgerichtig ein. Auf diese Weise lässt sich der hier betrachtete Lösungsraum durch ein einziges parametrisches Geometriemodell abbilden und in ein CAD-Modell übertragen.

7.4.3 Strömungssimulation

Zur Simulation der Kraftwirkung des Freistrahls auf die Profilgeometrie wurde das numerische Simulationstool ANSYS-CFX zusammen mit der Arbeitsumgebung ANSYS WORKBENCH verwendet. Das in Bild 7.7 abgebildete Volumenmodell stellt das Rechengebiet für die Simulation dar. In der Mitte des Gebiets sind die Gitterprofile zu erkennen, die aus dem Fluidvolumen „ausgeschnitten" wurden. Das darunter befindliche zylindrische Volumen repräsentiert einen Schlauch bzw. ein Rohr von 2mm Innendurchmesser, das in das quaderförmige Fluidvolumen hineinragt und aus dem der Freistrahl austritt. Da die betrachtete Strömung symmetrisch ist, genügt zur Lösung des Problems die Berechnung der Feldgrößen auf der dargestellten Hälfte des

Volumens. Die angegebene Symmetrieebene muss dazu mit den entsprechenden Randbedingungen versehen werden.

Die erkennbare Unterteilung in weitere Einzelvolumen ermöglicht eine effektive Vernetzung des gesamten Rechengebietes. So können hauptsächlich Hexaeder-Netzte verwendet werden. Lediglich der Bereich um die Profilgeometrie wird durch ein Tetraeder-Netz abgebildet. Um die großen Geschwindigkeitsgradienten aufgrund der Haftbedingung an den Festkörpergrenzen abbilden zu können, wird das Netz an den Profilen und an der Innenseite des Schlauches durch Prismenschichten verdichtet (vgl. [LECH11/72]).

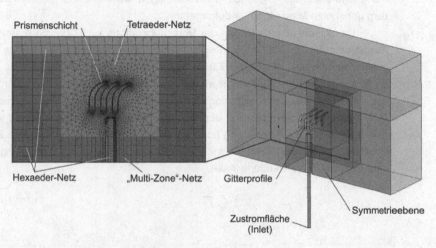

Bild 7.7: Volumenmodell und Rechennetz für die Simulation

Das gesamte Volumen ist mit Luft gefüllt, die als ideales Gas angenommen wird. Der Zustrom erfolgt über den Einlass am Ende des Schlauches mit einem definierten Massestrom. Alle Seitenflächen des Quaders sind als „Opening" definiert, so dass die Luft ein- und ausströmen kann. Hier wird als Druck der Umgebungsdruck vorgegeben. Alle weiteren Einstellungen zu den Randbedingungen und hinsichtlich der Turbulenzmodelle oder der Solver-Einstellungen können dem Anhang entnommen werden.

Aufgrund der Kompressibilität der Luft ist ein genaues Messen und Einstellen eines Massestroms im Experiment nur schwer möglich. Um dennoch die Überprüfung der Simulationsergebnisse mit Versuchen zu realisieren, wurden die Gitterprofile zunächst durch eine einfache Prallplatte ersetzt. Für einen Massestrom von $\dot{m} = 5{,}75 \cdot 10^{-4} \cdot kg \cdot s^{-1}$ am Einlass wurde aus der Simulation eine Strahlkraft von

0,315N auf die Platte ermittelt, die nach dem Impulssatz genau dem Impulsstrom F_0 der Düse entspricht (vgl. Abschnitt 6.2). In einem Prallstrahlversuch nach dem in Bild 6.5 dargestellten Aufbau wurde ermittelt, dass sich die Prallkraft von 0,315N bei einem Ausgangsdruck des Servoventils von genau 1,91bar einstellt. Auf diese Weise können die Eingangsgrößen von Experiment und Simulation aufeinander abgestimmt werden. Zu diesen Werten ermittelte Simulations- und Versuchsergebnisse sind dann für jede untersuchte Profilanordnung direkt vergleichbar. Eine Änderung des Massestroms in der Simulation oder Veränderungen am Versuchsaufbau, welche die Strömung vom Ventil zur Düse beeinflussen, würden jedoch eine erneute Abstimmung erfordern. Die folgenden Untersuchungen werden daher ausschließlich bei dem genannten Massestrom $\dot{m}$ durchgeführt.

Um sowohl über die Größe der Vorschubkraft als auch über die Kraftwelligkeit Aussagen treffen zu können, werden zu jeder Profilanordnung verschiedene Düsenpositionen simuliert. Wie in Bild 7.8 dargestellt, kann die Koordinate x dazu dienen, die Relativposition der Düse zum ersten Profil der Anordnung zu definieren. Da jedoch die Ergebnisse der verschiedenen Anordnungen trotz ihrer unterschiedlichen Profilabstände vergleichbar und übersichtlich dargestellt werden müssen, wird die Koordinate x auf die Gitterteilung normiert. Es ergibt sich eine einheitenlose Zahl zur Positionsangabe, die in Bild 7.8 mit x* bezeichnet ist und in der Darstellung sämtlicher Ergebnisse Verwendung findet.

$$x^* = \frac{x}{t_G} \qquad\qquad (7.5)$$

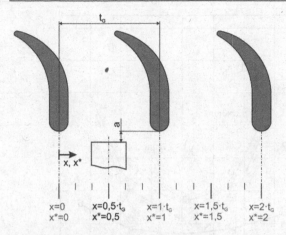

Bild 7.8: Relativposition der Düse zu den Profilen

Um den Rechenaufwand zu begrenzen, werden je Profilanordnung lediglich sechs Düsenpositionen im Abstand von einem Sechstel der Profilteilung berechnet. Der Abstand in Strahlrichtung zwischen der Düse und den Profilen wird in allen folgenden Untersuchungen konstant auf a=2mm gehalten.

7.4.3.1 Untersuchungen an einer Anordnungen mit steigenden Krümmungsradien

Zunächst wurde von einer Anordnung mit steigenden Krümmungsradien ausgegangen, für die die folgenden Parameter (siehe Bild 7.6) gewählt wurden:

- Profilhöhe h=9mm
- Höheninkrement Δh=0,5mm
- Durchmesser der unteren bzw. oberen Profilenden: d_u=1mm, d_o=0,5mm
- Ablenkwinkel α=70°
- Gitterteilung t_G=4mm
- a=0

Aufgrund der Annahme, dass die Gitterteilung erheblichen Einfluss auf die Kraftwelligkeit hat, wurde diese ausgehend von der beschriebenen Ausgangskonfiguration variiert. Die dabei für die verschiedenen Anordnungen ermittelten Vorschubkräfte sind in Bild 7.9 über den normierten Verfahrweg aufgetragen.

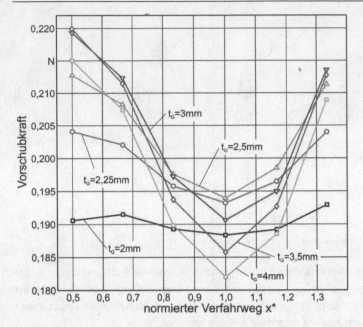

Bild 7.9: Variation der Gitterteilung

Es wird deutlich, dass alle Kraftverläufe für die Düsenposition bei x*=1, also genau mittig unter einem Profil, ein Minimum in der Vorschubkraft aufweisen. Bei x*=0,5 - also genau unter einem Profilzwischenraum - liegen dagegen die höchsten ermittelten Werte vor. Wird die Gitterteilung von t_G=4 auf t_G=3,5 reduziert, so zeigt sich, dass die Kraft besonders im Minimum (x*=1) zunimmt. Bei weiterer Verringerung von t_G nimmt zusätzlich die Maximalkraft in der Düsenstellung x*=0,5 ab, so dass insgesamt eine deutliche Minderung der Kraftwelligkeit resultiert. Bei einer Reduzierung der Gitterteilung auf t_G=2mm fällt die Kraft über den gesamten Wegbereich ab.

　　　Bild 7.10 zeigt die Geschwindigkeitsfelder der Strömung für zwei Profilanordnungen in allen simulierten Düsenpositionen. Die aus den Kraftverläufen erkennbaren Entwicklungen lassen sich anhand dieser Darstellungen erklären.

　　　Für die Position x*=1 ist erkennbar, dass der Freistrahl auf das mittlere Profil auftrifft und aufgeteilt wird. Im Falle der kleineren Gitterteilung von t_G=2,5mm treffen die beiden Teilstrahlen jedoch deutlich günstiger auf die benachbarten Profile und werden insgesamt weiter umgelenkt als bei der groben Gitterteilung von t_G=4mm, was zu einer höheren Vorschubkraft führt. Wird die Gitterteilung jedoch noch weiter verringert, so steigt der Strömungswiderstand für beide Teilstrahlen, wodurch der Impulsstrom des abgelenkten Strahls und damit auch die Vorschubkräfte abnehmen.

Das Geschwindigkeitsfeld für die Düsenposition x*=0,5 zeigt, dass der Freistrahl bei einer Teilung von t_G=4mm in voller Breite tangential in die Profillücke einströmen kann und gebündelt wieder austritt. Im Gegensatz dazu wird der Strahl vor dem Eintritt in die deutlich engere Lücke für t_G=2,5mm gestaut. Ein Teil der Strömung wird dabei abgedrängt und läuft durch die benachbarten Profilzwischenräume.

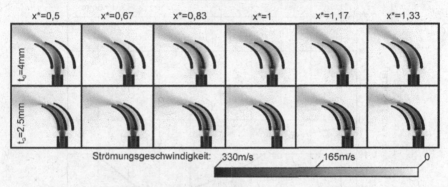

Bild 7.10: Geschwindigkeitsfelder für die Gitterteilungen t_G=4mm und t_G=2,5mm

In Abschnitt 7.4.1 wurde ein Kraftabfall aufgrund der Verengung des Strömungsquerschnitts bei Erhöhung des Ablenkwinkels α vermutet. Dieser Effekt ist in der Simulation deutlich nachweisbar. Bild 7.11 zeigt für die bereits betrachtete Anordnung mit t_G=2,25mm die Kraftabnahme bei einer Erhöhung des Ablenkwinkels α von 70° auf 75°.

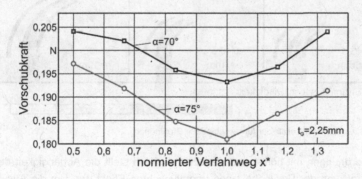

Bild 7.11: Variation des Ablenkwinkels α

Der Einfluss der Profilhöhe h ist in Bild 7.12 für die Gitterteilung t_G=3mm untersucht worden. Daraus wird deutlich, dass für größere Profilhöhen und die damit verbundenen größeren Krümmungsradien R auch höhere Kräfte erzielt werden können. Bild 7.13 zeigt, dass aus großen Krümmungsradien auch große Überlappungen der benachbarten Profile in x-Richtung resultieren. Diese ermöglichen wiederum eine stärkere Strahlumlenkung.

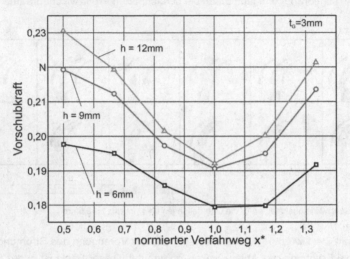

Bild 7.12: Variation der Profilhöhe h

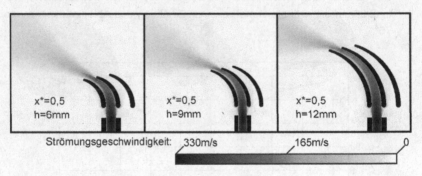

Bild 7.13: Geschwindigkeitsfelder für verschiedene Profilhöhen

Bei Anordnungen mit höhenveränderlichen Profilen stellt die Abhängigkeit der Vorschubkraft von der Profilhöhe einen unerwünschten Effekt dar. Um die Auswirkung der unterschiedlichen Krümmungsradien zu vermeiden, wird daher für die weiteren Untersuchungen zu einer gestuften Profilanordnung nach Bild 7.5 (d) übergegangen.

7.4.3.2 Untersuchung von gestuften Profilanordnungen

Wie die bisherigen numerischen Untersuchungen zeigen, wird die Kraftwelligkeit sehr stark durch die Gitterteilung t_G beeinflusst, während die maximale Höhe der Vorschubkräfte hauptsächlich von der Größe des Strömungsquerschnitts zwischen den Profilen sowie dem erreichten Abströmwinkel abhängt. Da die Form des Profilzwischenraums jedoch durch alle Profilparameter nach Bild 7.6 gemeinsam bestimmt wird, ist eine Optimierung aufgrund unabhängiger Untersuchungen einzelner Parameter nicht zielführend. Aus diesem Grund werden nun Anordnungen entworfen und untersucht, die auf den folgenden vier Überlegungen beruhen:

1. Um die maximale Profilhöhe zu begrenzen, wird das Höheninkrement zwischen zwei Profilen auf $\Delta h=0{,}3mm$ festgelegt.
2. Die Größe des konstanten Radius R bestimmt wesentlich die minimale Profilhöhe h und wird daher auf $R=5mm$ festgelegt.
3. Um eine kleine Profilteilung bei möglichst großen Profilzwischenräumen zu erreichen, müssen die Profile selbst so schlank wie möglich ausgeführt werden.
4. Der Ablenkwinkel α der Profile wird als letzter Parameter so gewählt, dass ein möglichst konstanter Strömungsquerschnitt ohne Verengungen zwischen den Profilen entsteht.

Die Untersuchungen zur Gitterteilung der bisherigen Profile (Bild 7.9) zeigen, dass die Teilung $t_G=2{,}25mm$ einen guten Kompromiss zwischen der erreichbaren Kraft und der Kraftwelligkeit darstellt. Ausgehend von dieser Teilung wurde, unter Berücksichtigung der vier genannten Punkte, die in Bild 7.14 dargestellte Profilanordnung entworfen. Sie besteht aus fünf Bereichen, die sich hinsichtlich ihrer Gitterteilungen t_G und der Durchmesser der unteren Profilenden d_u unterscheiden. Die Profilhöhen folgen über die Bereiche hinweg der Inkrementierung um $\Delta h=0{,}3mm$. Auf diese Weise kann die dargestellte Anordnung für einen Versuch kostengünstig als ein Teil gefertigt werden. Alle Geometrieparameter für die jeweiligen Bereiche können Bild 7.14 entnommen werden. Die Höhe h bezieht sich dabei stets auf das linke, niedrigste Profil der jeweiligen Gruppe. Bereich 1 und Bereich 5 unterscheiden sich nur hinsichtlich der Profilehöhe h und weisen ansonsten die gleichen Geometrieparameter auf. In den Bereichen 2, 3 und 4 werden die Gitterteilung sowie die Dicke der Profile (Durchmesser d_u) weiter reduziert.

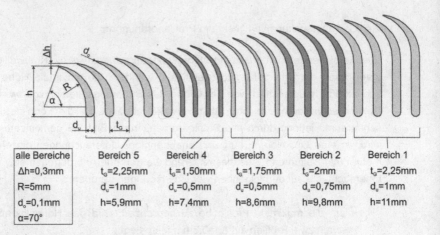

alle Bereiche	Bereich 5	Bereich 4	Bereich 3	Bereich 2	Bereich 1
$\Delta h=0,3mm$	$t_G=2,25mm$	$t_G=1,50mm$	$t_G=1,75mm$	$t_G=2mm$	$t_G=2,25mm$
$R=5mm$	$d_u=1mm$	$d_u=0,5mm$	$d_u=0,5mm$	$d_u=0,75mm$	$d_u=1mm$
$d_o=0,1mm$	$h=5,9mm$	$h=7,4mm$	$h=8,6mm$	$h=9,8mm$	$h=11mm$
$\alpha=70°$					

Bild 7.14: Geometrieparameter der Profilanordnungen

Die aus den Simulationen ermittelten Kraftverläufe sind für alle fünf Bereiche in Bild 7.15 dargestellt. Der normierte Verfahrweg x* wird dabei in jedem Bereich vom ersten Profil an neu gezählt. Die Kraftverläufe für Bereich 3 und Bereich 4 wurden gegenüber den anderen Bereichen um eine halbe Profilteilung versetzt ermittelt, damit der Freistrahl trotz der geringen Gitterteilung vollständig in den betrachteten Profilbereich trifft.

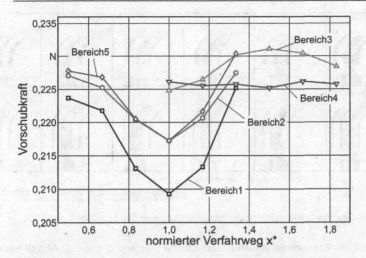

Bild 7.15: Simulierte Kraftverläufe für die Profilanordnungen aller Bereiche

Die Darstellung der Ergebnisse zeigt, dass die Minima der simulierten Kraftverläufe erheblich über denen aller bisher betrachteten Anordnungen liegen. Es wird außerdem deutlich, dass durch die weitere Reduzierung der Gitterteilung in Verbindung mit sehr schlanken Profilen (Bereich 3, Bereich 4) sehr geringe Kraftwelligkeiten erzielt werden können.

Die Geschwindigkeitsfelder aus den Simulationen für Bereich 5 und Bereich 3 sind in Bild 7.16 gegenübergestellt. Sie zeigen, dass die schlankere Profilgeometrie sowie die geringe Gitterteilung in Bereich 3 dazu führen, dass der Strahl in jeder Position auf wenigstens zwei Profilzwischenräume aufgeteilt wird und dass gegenüber Bereich 5 ein gleichbleibendes Abströmbild zu beobachten ist.

Gegenüber den Ergebnissen aus Bild 7.12 wird aus dem Vergleich der Kraftverläufe für Bereich 1 und Bereich 5 ersichtlich, dass die Profilhöhe einen negativen Einfluss darstellt. Da die Form der Profile im Umlenkbereich jedoch genau identisch ist, sind die geringeren Kräfte allein auf Geschwindigkeitsverluste aufgrund der Reibung an den längeren senkrechten Profilbereichen zurückzuführen.

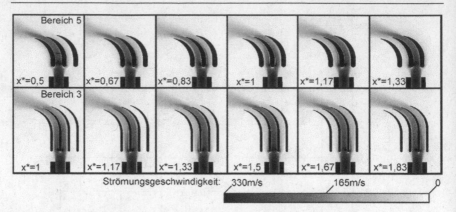

Bild 7.16: Geschwindigkeitsfelder für die Profilanordnungen in den Bereichen 5 und 3

Die erzielten Ergebnisse stellen eine deutliche Steigerung gegenüber den ersten Untersuchungen dar und weisen anhand der Geschwindigkeitsfelder keine offensichtlichen Verbesserungsmöglichkeiten auf. Es ist jedoch zu überprüfen, ob die Simulationsergebnisse in dieser Form auf die Realität übertragbar sind. Darüber hinaus stellt sich die Frage, ob die extrem schlanken Profile eine ausreichend hohe Stabilität aufweisen, oder ob sie durch den Strahl verformt und zu Schwingungen angeregt werden.

7.4.4 Experimentelle Validierung

Um die Simulationsergebnisse aus Abschnitt 7.4.3.2 zu validieren und die mechanische Eignung schlanker Profile sicherzustellen, wurde erneut der in Abschnitt 6.3 beschriebene Versuchsaufbau verwendet. In diesem Fall wurde jedoch anstelle der Dreiecksprofile ein Profilgitter am Schlitten angebracht (Bild 7.17). Dieses Profilgitter entspricht genau der Anordnung nach Bild 7.14. Zur Herstellung der filigranen Profilstrukturen, wurde das dreidimensionale MultiJet-Druckverfahren genutzt, welches das Werkstück aus dem Acryl Photopolymer SR200 in einer Schichtdicke von 30µm aufbaut. Bei diesem Verfahren wird zusammen mit dem Bauteil eine Stützstruktur aus Wachs gedruckt, die nach der Fertigstellung ohne Beschädigung der Profile aus den Zwischenräumen ausgeschmolzen werden kann.

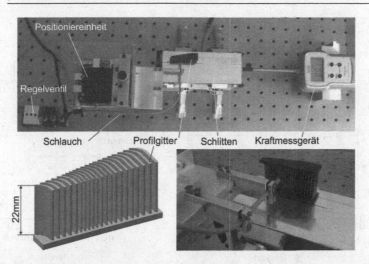

Bild 7.17: Versuchsaufbau zur Validierung der Simulationsergebnisse

Zur experimentellen Ermittlung der Kraftverläufe über den Verfahrweg wurde der Düsenaustritt entsprechend dem Simulationsmodell in einem Abstand von 2mm zu den Profilunterkanten positioniert. Anschließend wurden die einzelnen Bereiche ausgehend vom kleinsten Profil in Schritten von 0,15mm in x-Richtung abgefahren. Zu jeder Düsenposition x wurde dabei der Messwert für die Vorschubkraft aufgenommen. In den folgenden Diagrammen wird der Stellweg entsprechend dem bisherigen Vorgehen wieder auf die Gitterteilung des untersuchten Bereichs normiert.

Da die vielversprechenden Simulationsergebnisse für die Bereiche 3 und 4 experimentell bestätigt werden konnten, werden die anderen Bereiche nicht weiter berücksichtigt. Neben dem Eingangsdruck von 1,91bar, der mit dem Massenstrom in der Simulation korrespondiert (vgl. Abschnitt 7.4.3), wurden diese beiden Bereiche auch bei Drücken von 1, 3, 4 und 5bar untersucht. Es konnte zwar festgestellt werden, dass die Profile auch Drücken von 6bar ohne sichtbare Verformungen oder Anzeichen für Schwingungen standhalten können, jedoch neigte der Schlitten aufgrund der erhöhten Querkräfte dabei zum Klemmen.

Die gemessenen Kraftverläufe für die genannten Drücke sind zusammen mit den zugehörigen Simulationsergebnissen in Bild 7.18 (a) bzw. (b) dargestellt.

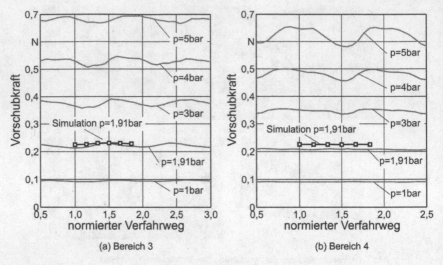

(a) Bereich 3   (b) Bereich 4

Bild 7.18: Gemessene Kraftverläufe für Bereich 3 und Bereich 4

Aus den Diagrammen wird deutlich, dass die Messwerte bei einem Eingangsdruck
von p=1,91bar die Vorschubkräfte aus der Simulation bestätigen.

Beide Bereiche weisen für steigende Drücke auch eine steigende Kraftwelligkeit auf. In Bereich 4 für p=1bar und p=1,91bar liegt nur eine sehr geringe Welligkeit
vor, die jedoch bei höheren Drücken stärker zunimmt als im Fall von Bereich 3. Dabei fällt auf, dass die Minima an den Stellen x*=0,5; x*=1,5 und x*=2,5 auftreten, also
in den Positionen unter einer Profillücke, an denen bisher stets die maximalen Kräfte
auftraten. Dieser Effekt ist dadurch zu erklären, dass Bereich 4 geringere Strö-
mungsquerschnitte zwischen den Profilen und damit höhere Strömungswiderstände
aufweist als Bereich 3. Wird der Strahl z. B. in Position x*=1 durch ein Profil mittig
geteilt, so entspricht dies einer Parallelschaltung von zwei Strömungsquerschnitten
und führt zu einer Verringerung des gesamten Strömungswiderstands. Dieser Effekt
scheint im vorliegenden Fall besonders bei hohen Drücken und Masseströmen größere Vorschubkräfte zu ermöglichen.

Von allen untersuchten Anordnungen ermöglicht die Konfiguration in Bereich 3
die höchsten Vorschubkräfte über den betrachteten Druckbereich. Die auftretenden
Kraftschwankungen übersteigen dabei in keinem Fall die Spanne von 0,039N (bei
p=4bar). Bei einem Druck von p=3bar tritt die höchste prozentuale Kraftänderung
bezogen auf den Maximalwert des Kraftverlaufs auf. Diese beträgt 8,4%.

7.5 Konstruktive Umsetzung

In Bild 7.19 ist eine mögliche Umsetzung für einen Tisch mit Profilgittern als dreidimensionales CAD-Modell dargestellt. Hierfür wurde die optimierte Profilgeometrie aus dem vorigen Abschnitt verwendet. Um eine bessere Sichtbarkeit der Anordnung zu erreichen, sind die Profilbereiche in dieser Darstellung am Außendurchmesser des Tisches nicht abgeschlossen. Durch die Begrenzung des Höheninkrements der Profile auf Δh=0,3mm ergibt sich eine geringe Bauhöhe von nur 12mm. Die 90°-Winkel, die sich zwischen den Abströmkanten benachbarter Gitterbereiche ergeben, garantieren einen freien Abgang der umgelenkten Strahlen.

Der gesamte Tisch kann, wie hier dargestellt, monolithisch als 3D-Druck ausgeführt werden. Es ist jedoch auch ein modularer Aufbau denkbar, bei dem ein gedruckter Profilkranz an einem inneren Führungs- und Aufspannmodul befestigt wird. Dieses könnte dann in beliebiger Weise hergestellt werden.

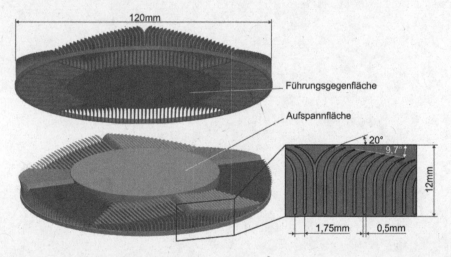

Bild 7.19: Aufbau eines Tisches mit Profilgittern

8 Abschließende Betrachtung und Ausblick

Im Verlauf der Arbeit wurde die radiale Anordnung von Dreiecksprofilen zur Realisierung eines xyφ-Antriebs erforscht, dessen Aufbau sich eng an dem des bestehenden xy-Antriebs orientiert. Die vorgestellten Methoden zur Berechnung und Auslegung der Geometrieparameter ermöglichten die Entwicklung und Optimierung einer konstruktiv umsetzbaren Anordnung der Profile und Düsen. Da im Zuge dieser Optimierung geometriebedingte Grenzen für die Anordnung von Dreiecksprofilen auftraten, wurde darüber hinaus ein weiteres Konzept entwickelt, in dem Profilgitter die bisherigen Antriebsprofile ersetzen. Es liegen nun zwei umsetzbare Antriebskonzepte mitsamt den zugehörigen Auslegungsverfahren vor.

Dieses Kapitel wird die beiden genannten Möglichkeiten hinsichtlich ihrer Vor- und Nachteile vergleichen und abschließend einen Ausblick auf die weiteren Erfordernisse zur Realisierung des Antriebs geben.

8.1 Vergleich der vorgestellten Antriebskonzepte

Das vorrangige Ziel bei der Entwicklung des modifizierten Antriebskonzeptes mit Profilgittern bestand in der geometrischen Entkopplung von Profilteilung und Profilhöhe (vgl. Abschnitt 7.1). Die durchgeführten Untersuchungen zeigten jedoch, dass sich durch das erdachte Konzept weitreichende Unterschiede zu Antrieben mit den bisherigen Dreiecksprofilen ergeben würden.

Die konkreten Anordnungen für 16 Dreiecksprofile nach Abschnitt 7.5 und für die optimierten Profilgitter nach Abschnitt 6.4 werden nun hinsichtlich der Aspekte Vorschubkraft, Düsenanzahl, Bauraum, Kommutierung und Fertigung verglichen.

8.1.1 Vorschubkraft

Die Versuche bei einem Druck von p=1,91bar ergaben für die einfachen Dreiecksprofile eine Vorschubkraft von 0,12N (vgl. Bild 6.6). Für die optimierten Profilgitter wurde bei gleichem Druck eine Vorschubkraft von mindestens 0,21N gemessen (vgl. Bild 7.18). Damit liegt die Vorschubkraft der Profilgitter bei dem gleichen Impulsstrom des Freistrahls bezogen auf die Vorschubkraft der Dreiecksprofile um 75% höher. Auch unter Einbeziehung des Coanda-Effektes mit einer angenommenen Steigerung der Vorschubkraft um 35% (vgl. [DENK13a]) sind mit den Dreiecksprofilen deutlich geringere Vorschubkräfte zu erzielen.

Hinzu kommt, dass alle am Tisch eingeleiteten Kräfte im Falle der Profilgitter parallel bzw. orthogonal zueinander wirken und somit ideal überlagert werden können. Für die Dreiecksprofile ist dies nicht der Fall.

Da die vorgestellte Variante mit 16 Dreiecksprofilen sich hinsichtlich der einzelnen Antriebsprofile nicht wesentlich von dem Demonstrator unterscheidet, sind hier im Betrieb auch ähnlich hohe Kräfte und Momente zu erwarten. Durch die Nutzung der Profilgitter kann jedoch eine deutliche Steigerung der Leistungsfähigkeit des Systems erreicht werden.

8.1.2 Düsenanzahl

Da für die betrachtete Anordnung der Dreiecksprofile 16 Düsen in vier Düsengruppen erforderlich sind, stellen die 12 gleichmäßig verteilten Düsen zum Antrieb der Profilgitter einen klaren Vorteil dar. Die kontinuierliche Verteilung der Düsen am Düsenkreis hat während der Auslegung von Antriebssystemen zudem den Vorteil, dass einzelne Düsen hinzugefügt werden können. Eine Erweiterung des Arbeitsraums könnte so beispielsweise durch den Einsatz von 13 Düsen ermöglicht werden. Im Fall der Düsengruppen müsste dafür eine Erhöhung um 4 Düsen erfolgen.

8.1.3 Bauraum

Die beiden betrachteten Profilanordnungen nehmen die gleiche ringförmige Fläche ein und beide Tisch haben den gleichen Außendurchmesser. Auch hinsichtlich der Bauhöhe der Tisch bzw. der Profilhöhe existieren keine großen Unterschiede. Während die Profilgitter eine Höhe von 12mm aufweisen, sind es bei den Dreiecksprofilen 11,2mm, wobei die gewölbten Dreiecksoberseiten zur Nutzung des Coanda-Effekts noch keine Berücksichtigung finden.

8.1.4 Kommutierung

Wie in Abschnitt 6.5 beschrieben, stellt die Ermittlung der optimalen Kommutierungsstellen für den xyφ-Antriebe ein noch ungelöstes Problem dar. Im Falle der Dreiecksprofile müssen aufgrund der geringeren Kraftwirkung im Randbereich der Dreiecksflanken teilweise zwei Düsen der gleichen Düsengruppe aktiviert werden, was zu einer Komplexitätssteigerung führt. Bei der Verwendung der Profilgitter ist dagegen stets eine Düse je Gitterbereich ausreichend, um die maximale Kraft zu erzeugen. Es dürfte hier leichter möglich sein, eine Zuordnung einzelner Düsen zu den Gitterbereichen aus der Tischposition zu berechnen und die Düsen entsprechend dieser Zuordnung anzusteuern.

8.1.5 Fertigung

Die Profilgitter stellen spezielle Anforderungen an die Fertigung. Die Herstellung eines solchen Gitters als monolithische Struktur ist nur mit speziellen additiven Verfahren wie z. B. Lasersintern oder 3D-Druck möglich. Aufgrund der filigranen Gitterprofile sind jedoch keine Verfahren geeignet, welche Stützstrukturen verwenden, die mechanisch entfernt werden müssen.

Zur Fertigung eines Tisches mit Dreiecksprofilen bieten sich aufgrund der komplexen Geometrie ebenfalls additive Verfahren an. Die Auswahl an Verfahren und Materialien ist hier jedoch aufgrund der weniger feinen Strukturen und der Zugänglichkeit der Konturen nicht weiter eingeschränkt.

8.1.6 Schlussfolgerung

Der Einsatz von Profilgittern verspricht gegenüber den Dreiecksprofilen höhere Vorschubkräfte bei einer geringeren Düsenanzahl und einem gleich großen Bauraum. Damit stellt das modifizierte Antriebskonzept hinsichtlich der Optimierungsziele aus Kapitel 1 die beste Option dar. Darüber hinaus kann von einer Vereinfachung der Düsen-Ansteuerung ausgegangen werden.

Gegenüber diesen Vorteilen sind mögliche Nachteile aufgrund von fertigungstechnischen Einschränkungen - nach dem gegenwärtigen Wissensstand - zu vernachlässigen.

8.2 Ausblick

Die ausgewählte Lösung erfüllt alle notwendigen Bedingungen zur Umsetzung des xyφ-Antriebs und ist darüber hinaus geeignet, die Leistungsfähigkeit gegenüber dem vorhandenen Demonstrator zu steigern. Im Rahmen dieser Arbeit wurde bisher nur der Aspekt der Krafterzeugung detailliert untersucht. Da die Führung und das Messsystem jedoch ebenfalls in den Tisch integriert werden sollen, müssen deren Erfordernisse in einem nächsten Schritt in die Betrachtung mit einbezogen werden.

Zur Auslegung des Führungssystems gilt es, zunächst alle Kräfte in z-Richtung und die auftretenden Kippmomente am Tisch zu ermitteln, wobei besonders die entsprechenden Komponenten der Strahlkräfte in verschiedenen Tischpositionen und bei unterschiedlichen eingeschalteten Düsenkombinationen zu berücksichtigen sind.

Für das Messsystem müssen geeignete Flächen vorgesehen werden, die von den Lasersensoren erfasst werden können. Diese müssen so gestaltet sein, dass sie sowohl auf die Position als auch auf die Ausrichtung des Tisches schließen lassen.

Abhängig von der Auslegung dieser Teilsysteme kann die Anpassung der Funktionsbereiche am Tisch erforderlich sein. Hierfür sind insbesondere die notwendige Stützweite der aerostatischen Führung sowie die Messbereiche der Lasersensoren ausschlaggebend. Die zur Verfügung gestellten Methoden und Programme ermöglichen dabei eine Anpassung der Anordnung mit geringem Aufwand.

Es ist davon auszugehen, dass durch eine breiter angelegte simulative und experimentelle Untersuchung verschiedener Profilgeometrien in Zukunft weitere Steigerungen der Antriebsleistung erreicht werden können. Für den prototypischen Aufbau und die grundlegende Erforschung des Antriebs ist der erreichte Optimierungsgrad jedoch ausreichend.

9 Literaturverzeichnis

[ARND09]   Arndt, P.: "Gestalten und Berechnen". Verl. Europa-Lehrmittel Nourney, Vollmer, Haan-Gruiten 2009.

[CZIC08]   Czichos, H.: "Mechatronik". Vieweg + Teubner, Wiesbaden 2008.

[DENK 12] Denkena, B.; Möhring, H.-C.; Kayapinar, H.: "Design of a Compact Fluidic XY-Stage for Precise Positioning", 7th International Conference on MicroManufacturing (ICOMM 2012), Evanston, IL, USA 2012, S. 345–349.

[DENK03]   Denkena, B. et al.: "Die Antriebstechnik - Motor der Produktivität". WB Werkstatt + Betrieb (2003) 9, S. 28–31.

[DENK13a] Denkena, B.; Kayapinar, H.: "XY-table for desktop machine tools based on a new fluidic planar drive". Production Engineering Research and Development Vol. 7 7 (2013a) 5, S. 535–539.

[DENK13b] Denkena, B.; Möhring, H.-C.; Kayapinar, H.: "A novel fluid-dynamic drive principle for desktop machines". CIRP Journal of Manufacturing Science and Technology Vol. 6 6 (2013b) 2, S. 89–97.

[HESS02]   Hesselbach, J.: "MikroPRO Untersuchung zum internationalen Stand der Mikroproduktionstechnik". Vulkan-Verl., Essen 2002.

[HIER95]   Hiersig, H. M. et al.: "VDI-Lexikon Maschinenbau". Springer, Berlin, Heidelberg 1995.

[HILL06]   Hilleringmann, U.: "Mikrosystemtechnik". B.G. Teubner Verlag / GWV Fachverlage GmbH, Wiesbaden 2006.

[KAHL02]   Kahlen, K.: "Regelungsstrategien für permanentmagnetische Direktantriebe mit mehreren Freiheitsgraden". Dissertation, Rheinisch-Westfälische Technische Hochschule Aachen 2002.

[KALL91]   Kallenbach, E.: "Gerätetechnische Antriebe". Hanser, München, Wien 1991.

[KAYA14]   Kayapinar, H.: "Aerodynamischer Mehrkoordinatenantrieb für Desktop-Werkzeugmaschinen". Dissertation, Leibniz Universität Hannover 2014.

[KUGL14]   Kugler: "MICROGANTRY", März 2014, Link: http://www.kugler-
            precision.com/index.php?MICROGANTRY--nano3-5X.

[LABO14a]   Laboratorium Fertigungstechnik, Helmut Schmidt Universität Hamburg:
            "Motivation des SPP 1476", Januar 2014, Link: http://www.hsu-
            hh.de/download-1.4.1.php?brick_id=EPiZW2bvQTNv8bVO.

[LABO14b]   Laboratorium Fertigungstechnik, Helmut Schmidt Universität Hamburg:
            "Zusammenfassung SPP 1476", Januar 2014, Link: http://www.hsu-
            hh.de/download-1.4.1.php?brick_id=3ogJjtZr93XjwnkG.

[LECH11]   Lecheler, S.: "Numerische Strömungsberechnung". Morgan Kaufmann,
            [S.l.] 2011.

[LOTT12]   Lotter, B.; Wiendahl, H.-P.: "Montage in der industriellen Produktion".
            Springer, Berlin, Heidelberg 2012.

[RUCH14]   Ruchservomotor: "Planar stepping motor", März 2014, Link:
            http://www.ruchservomotor.com/html/lsm_servomot.htm.

[SCHÄ96]   Schäffel, C.: "Untersuchungen zur Gestaltung integrierter Mehrkoordi-
            natenantriebe". Dissertation, Technische Universität Ilmenau 1996.

[SEW 14]   SEW Eurodrive: "Synchrone Linearmotoren SL2", Februar 2014, Link:
            http://download.sew-eurodrive.com/download/pdf/11658207.pdf.

[SIGL12]   Sigloch, H.: "Technische Fluidmechanik". Springer, Berlin [u.a.] 2012.

[STÖL11]   Stölting, H.-D.; Kallenbach, E.; Amrhein, W.: "Handbuch Elektrische
            Kleinantriebe". Hanser, Carl, München 2011.

[TRUC08]   Truckenbrodt, E.: "Grundlagen und elementare Strömungsvorgänge
            dichtebeständiger Fluide". Springer, Berlin [u.a.] 2008.

[VÖLK06]   Völklein, F.; Zetterer, T.: "Praxiswissen Mikrosystemtechnik". Vieweg,
            Wiesbaden 2006.

[WECK06]   Weck, M.; Brecher, C.: "Mechatronische Systeme, Vorschubantriebe
            und Prozessdiagnose". Springer, Berlin 2006.

[WULF10]   Wulfsberg, J. P. et al.: "Kleine Werkzeugmaschinen für kleine Werkstü-
            cke". wt Werkstattstechnik online 100 100 (2010) 11, S. 886–891.

[WULF14a]   Wulfsberg, J. P.; Lehmann, J.; Witte, L.: "Prozesskettenbildung im Mik-
            romaschinenbau", Februar 2014, Link:
            http://www.mikromaschinenbau.com/lehmann/Lehmann_prozessk_mikr
            omaschinenbau.pdf.

[WULF14b]   Wulfsberg, J. P.: "Begriffsdefinitionen", Januar 2014, Link: http://www.mikromaschinenbau.com/info.htm.

[ZENT05]   Zentner, J.: "Zur optimalen Gestaltung von Parallelkinematikmaschinen mit Planarantrieben". Dissertation, Technische Universität Ilmenau 2005.

10 Anhang

10.1 Matlab-Code

Das Skript n-max.m:

```matlab
clear all;
close all;

%Parameter
r_Arbeitsraum=11;
d_Duese=1.8;
b_Spalt=1;
r_aussen=60;

%Berechnung des Düsenkreisradius
r_Duesenkreis=r_aussen-(2*r_Arbeitsraum+d_Duese)/2;

%Überprüfen der Ungleichungen
n=3;
Tau_3=0;
Tau_4=0;
Tau_5=0;

while 1

        [Tau_3D,Tau_4D,Tau_5D] = ...
        tau_D(r_Duesenkreis,n,b_Spalt,d_Duese,r_Arbeitsraum);

    if (Tau_3D == 0)
       n_3 = n-1;
       break
    end

    Tau_3=Tau_3D

    n=n+1;
end

while 1

        [Tau_3D,Tau_4D,Tau_5D] = ...
        tau_D(r_Duesenkreis,n,b_Spalt,d_Duese,r_Arbeitsraum);

    if (Tau_4D == 0)
       n_4 = n-1;
```

```
    break
  end

  Tau_4=Tau_4D

  n=n+1;
end

while 1

      [Tau_3D,Tau_4D,Tau_5D] = ...
      tau_D(r_Duesenkreis,n,b_Spalt,d_Duese,r_Arbeitsraum);


  if (Tau_5D == 0)
     n_5 = n-1;
     break
  end

  Tau_5=Tau_5D

  n=n+1;
end

%Ausgabe der Ergebnisse
n_3
Tau_3
n_4
Tau_4
n_5
Tau_5
```

Das Skript tau_D_Gitter.m:

```
%Parameter
r_Arbeitsraum=11;
d_Duese=1.8;
s=2.3;
r_aussen=60;

n=4 %Anzahl der verschiedenen Gitterorientierungen

%Berechnung des Düsenkreisradius
r_Duesenkreis=r_aussen-(2*r_Arbeitsraum+d_Duese)/2;

%Winkel für die Ungleichungen
[delta_max,delta_min]=delta(r_Duesenkreis,n,s,r_Arbeitsraum);

delta_D=rad2deg(2*acos(1-d_Duese^2/(8*r_Duesenkreis^2)));

%Berechnung der maximalen Teilung
Tau_OG = delta_min - delta_D
```

```
%Berechnung der resultierenden Düsenzahl und Teilung
n_D=ceil(360/Tau_OG)
Tau_real=360/n_D
```

Die Funktion tau_D():

```
function [Tau_3D,Tau_4D,Tau_5D] = ...
tau_D(r_Duesenkreis,Profilzahl,s,d_Duese,r_Arbeitsraum)

n=Profilzahl;

%Winkel für die Ungleichungen
[delta_max,delta_min]=delta(r_Duesenkreis,n,s,r_Arbeitsraum);

[delta_s_max,delta_s_min]=delta_s(r_Duesenkreis,n,s,r_Arbeitsraum);

delta_D=rad2deg(2*acos(1-d_Duese^2/(8*r_Duesenkreis^2)))

%Überprüfung für 3 Düsen
Tau_OG = delta_min - delta_D;
Tau_UG=(delta_max+delta_s_max+delta_D)/2;

if (Tau_UG<=Tau_OG)
   Tau_3D=(Tau_OG+Tau_UG)/2;
else
   Tau_3D=0;
end

%Überprüfung für 4 Düsen
Tau_OG = delta_min - delta_D;
Tau_UG=(delta_max+delta_s_max+delta_D)/3;

if (Tau_UG<=Tau_OG)
   Tau_4D=(Tau_OG+Tau_UG)/2;
else
   Tau_4D=0;
end

%Überprüfung für 5 Düsen
Tau_OG = delta_min - delta_D;
Tau_UG=(delta_max+delta_s_max+delta_D)/4;

if (Tau_UG<=Tau_OG)
   Tau_5D=(Tau_OG+Tau_UG)/2;
else
   Tau_5D=0;
end

end
```

Die Funktion delta():

function [Max,Min] = delta(r_Duesenkreis,n,s,r_Arbeitsraum)

%% geometrische Beziehungen symbolisch definieren

syms Alpha delta beta m h xT yT rD x_P2 Gamma xN yN d

%Koordinatentrafo
d=s/(2*sin(abs(Alpha)));
xN=xT-cos(Gamma)*d;
yN=yT-sin(Gamma)*d;

%geometrische Beziehungen für delta
Gamma=asin(yT/sqrt((rD+xT)^2+yT^2));
beta=acos(yN/sqrt((rD+xN)^2+(yN)^2));
h=yN-xN/tan(Alpha+beta);
m=cot(Alpha+beta);
x_P2=-(m*h+sqrt(-h^2+rD^2*m^2+rD^2))/(m^2+1);
delta=acos(-x_P2/rD);

%% Extremwerte innerhalb des Arbeitsraums berechnen:
%Der kreisförmige Arbeitsraum wird zeilenweise mit Punkten gefüllt.
%Die Punktkoordinaten werden in den Vektoren x bzw. y gespeichert.
%An jedem Gitterpunkt wird delta berechnet.
%Am Ende wird der maximale und minimale Wert für delta ausgewählt.

rA=r_Arbeitsraum;

%Abstand der Punkte
dP=0.1;

%erster Gitterpunkt
x_G=0;
y_G=rA;

%alle weiteren Gitterpunkte
y=rA-dP;
while y > -rA
   x=-sqrt(rA^2-y^2);
   while x < sqrt(rA^2-y^2)
     x_G=horzcat(x_G,x);
     y_G=horzcat(y_G,y);
     x=x+dP;
   end
   y=y-dP;
end

%% Einsetzen in die geometrischen Beziehungen
rD=r_Duesenkreis;
Alpha=deg2rad(360/(4*n));
delta_1=(subs(delta));
Alpha=-deg2rad(360/(4*n));

```
delta_2=(subs(delta));

%delta an den Gitterstellen
xT=x_G;
yT=y_G;
delta_G=real(rad2deg(subs(delta_1)+subs(delta_2)));

%Extremwerte von delta an den Gitterstellen
[Min,Index_Min]=min(delta_G)
[Max,Index_Max]=max(delta_G)
```

Die Funktion delta_s():

```
function [Max,Min] = delta_s(r_Duesenkreis,n,s,r_Arbeitsraum)

%% geometrische Beziehungen für delta_s
syms delta m h h0 h1 h2 xT yT rD x_P2 Gamma

Gamma=asin(yT/sqrt((rD+xT)^2+yT^2));
h0=rD*yT/(rD+xT);
h1=h0+s/(2*cos(Gamma));
h2=h0-s/(2*cos(Gamma));
m=yT/(rD+xT);
x_P2=-(m*h+sqrt(-h^2+rD^2*m^2+rD^2))/(m^2+1);
delta=acos(-x_P2/rD);

%% Extremwerte innerhalb des Arbeitsraums berechnen:
%Der kreisförmige Arbeitsraum wird zeilenweise mit Punkten gefüllt.
%Die Punktkoordinaten werden in den Vektoren x bzw y gespeichert.
%An jedem Gitterpunkt wird delta berechnet.
%Am Ende wird der maximal und minimale Wert für delta ausgewählt.

rA=r_Arbeitsraum;

%Abstand der Punkte
dP=0.1;

%erster Gitterpunkt
x_G=0;
y_G=rA;

%alle weiteren Gitterpunkte
y=rA-dP;
while y > -rA
   x=-sqrt(rA^2-y^2);
   while x < sqrt(rA^2-y^2)
      x_G=horzcat(x_G,x);
      y_G=horzcat(y_G,y);
      x=x+dP;
   end
   y=y-dP;
end
```

```
%% Einsetzen in die geometrischen Beziehungen
rD=r_Duesenkreis;
h=h1;
delta_s_1=(subs(delta));
h=h2;
delta_s_2=(subs(delta));

%Funktionswerte (delta_s) an den Gitterstellen
xT=x_G;
yT=y_G;
delta_s_G=real(rad2deg(subs(delta_s_1)+subs(delta_s_2)));

%Extremwerte von delta an den Gitterstellen
[Min,Index_Min]=min(delta_s_G)
[Max,Index_Max]=max(delta_s_G)
```

10.2 Einstellungen für Ansys CFX

Domain Physics

Materials: Air Ideal Gas

Fluid Definition: Material Library

Morphology: Continuous Fluid

Buoyancy Model: Non Buoyant

Domain Motion: Stationary

Reference Pressure: 1.0000e+00 [atm]

Heat Transfer Model: Total Energy

Turbulence Model: SST

Turbulent Wall Functions: Automatic

 High Speed Model: Off

Boundary Physics

BOUNDARY - INLET

Type: inlet

Flow Direction: Normal to Boundary Condition

Flow Regime: Subsonic

Heat Transfer: Static Temperature

Static Temperature: 2.1000e+01 [C]

Mass And Momentum: Mass Flow Rate

Mass Flow Rate: 5.7500e-04 [kg s^-1]

Turbulence: Medium Intensity and Eddy Viscosity Ratio

BOUNDARY - OUTLET
Type: Opening
Flow Direction: Normal to Boundary Condition
Flow Regime: Subsonic
Heat Transfer: Opening Temperature
Opening Temperature: 2.1000e+01 [C]
Mass And Momentum: Opening Pressure and Direction
Relative Pressure: 0.0000e+00 [Pa]
Turbulence: Intensity and Auto Compute Length
Fractional Intensity: 1.0000e-03

BOUNDARY - WALL
Type: wall
Heat Transfer: Adiabatic
Mass And Momentum: No Slip Wall
Wall Roughness: Smooth Wall

Solver
TURBULENCE NUMERICS:
    Option=First Order

ADVECTION SCHEME:
    Option = Upwind

CONVERGENCE CONTROL:
    Maximum Number of Iterations = 60
    Minimum Number of Iterations = 20
    Physical Timescale = 0.01 [s]
    Timescale Control = Physical Timescale

CONVERGENCE CRITERIA:
    Residual Target = 2e-06
    Residual Type = RMS

Printed in the United States
By Bookmasters